José Eduardo Chamon

Gráficos em Dashboard para Microsoft Excel® 2013

1ª Edição

Av. das Nações Unidas, 7221, 1º Andar, Setor B
Pinheiros – São Paulo – SP – CEP: 05425-902

SAC
0800-0117875
De 2ª a 6ª, das 8h00 às 18h00
www.editorasaraiva.com.br/contato

DADOS INTERNACIONAIS DE CATALOGAÇÃO NA PUBLICAÇÃO (CIP)
(CÂMARA BRASILEIRA DO LIVRO, SP, BRASIL)

Chamon, José Eduardo
  Gráficos em Dashboard para Microsoft Excel 2013 /
José Eduardo Chamon. -- 1. ed. -- São Paulo : Érica, 2014.

Bibliografia
ISBN 978-85-365-0713-2

1. Dashboards 2. Microsoft Excel (Programa de computador) 3. Planilhas eletrônicas I. Título.

Vice-presidente	Claudio Lensing
Gestora do ensino técnico	Alini Dal Magro
Coordenadora editorial	Rosiane Ap. Marinho Botelho
Editora de aquisições	Rosana Ap. Alves dos Santos
Assistente de aquisições	Mônica Gonçalves Dias
Editoras	Márcia da Cruz Nóboa Leme
	Silvia Campos Ferreira
Assistentes editoriais	Paula Hercy Cardoso Craveiro
	Raquel F. Abranches
Editor de arte	Kleber de Messas
Assistentes de produção	Fabio Augusto Ramos
	Katia Regina
Produção gráfica	Sergio Luiz P. Lopes
Preparação e revisão de texto	Joice Kelly Tozzato
	Davi Miranda
Capa	Maurício S. de França
Projeto gráfico	ERJ Composição Editorial
Diagramação	ERJ Composição Editorial
Impressão e acabamento	Renovagraf

14-01847   CDD 005.369

Índices para catálogo sistemático:
1. Excel 2013 : Gráficos em Dashboard : Processamento de dados   005.369

Copyright © 2014 da Editora Érica Ltda.
Todos os direitos reservados.

1ª edição
5ª tiragem: 2017

Autores e Editora acreditam que todas as informações aqui apresentadas estão corretas e podem ser utilizadas para qualquer fim legal. Entretanto, não existe qualquer garantia, explícita ou implícita, de que o uso de tais informações conduzirá sempre ao resultado desejado. Os nomes de sites e empresas, porventura mencionados, foram utilizados apenas para ilustrar os exemplos, não tendo vínculo nenhum com o livro, não garantindo a sua existência nem divulgação.

A ilustração de capa e algumas imagens de miolo foram retiradas de <www.shutterstock.com>, empresa com a qual se mantém contrato ativo na data de publicação do livro. Outras foram obtidas da Coleção MasterClips/MasterPhotos© da IMSI, 100 Rowland Way, 3rd floor Novato, CA 94945, USA, e do CorelDRAW X6 e X7, Corel Gallery e Corel Corporation Samples. Corel Corporation e seus licenciadores. Todos os direitos reservados.

Todos os esforços foram feitos para creditar devidamente os detentores dos direitos das imagens utilizadas neste livro. Eventuais omissões de crédito e copyright não são intencionais e serão devidamente solucionadas nas próximas edições, bastando que seus proprietários contatem os editores.

Nenhuma parte desta publicação poderá ser reproduzida por qualquer meio ou forma sem a prévia autorização da Saraiva Educação. A violação dos direitos autorais é crime estabelecido na lei nº 9.610/98 e punido pelo artigo 184 do Código Penal.

CL 640526   CAE 567815

Fabricante

Produto: Microsoft® Excel 2013

Fabricante: Microsoft Corporation

Site: www.microsoft.com

Endereço no Brasil

Microsoft Informática Ltda.

Av. Nações Unidas, 12901 - Torre Norte - 27º andar

04578-000 - São Paulo - SP

Fone: (11) 4706-0900

Site: www.microsoft.com.br

Requisitos de Hardware e de Software

Hardware

- Processador x86 (32 bits) ou x64 (64 bits) Intel ou AMD, de 1 GHz ou superior, com conjunto de instruções SSE2;
- Disco rígido de, no mínimo, 3 GB livres para a instalação;
- Mouse;
- 1 GB de RAM (32 bits); 2 GB de RAM (64 bits);
- Drive de DVD-ROM;
- Modem e acesso à Internet;
- Conexão à Internet de, no mínimo, 128 Kbps ou superior, para download e ativação do produto;
- Um dispositivo multitoque habilitado para toque no Windows 8 é opcional;
- Monitor com resolução mínima de 1024 x 768, ou superior, com suporte a DirectX 10.

Software

- Sistema operacional Windows® 7, Windows® 8, Windows Server® 2008 R2 ou Windows Server® 2012;
- Microsoft® Excel 2013.

Agradecimentos

Em primeiro lugar, gostaria de agradecer a **Deus** por ter me dado a oportunidade da vida, por me amar e me ensinar que a cada dia, assim como o sol, nasce a esperança de um futuro melhor para todos. E essa é a ideia deste livro: levar conhecimento a todos de forma simples, possibilitando o crescimento individual de cada um.

A minha esposa **Lucileni** e a minha filha **Júlia**, por todo o carinho, força e paciência em diversos momentos de minha vida, nos quais me compreenderam e me ajudaram na conclusão desta obra.

Gostaria de agradecer aos **meus irmãos** por estarem sempre na torcida e por vibrarem comigo em cada etapa dessa caminhada.

Agradeço a minha irmã **Valéria** por ter lido e desenvolvido todos os exemplos apresentados neste livro, ajudando a garantir que fossem de fácil compreensão.

Dedico este livro em especial a meus pais, **Affonso** e **Yedda**, que, mesmo não estando mais entre nós, sempre me apoiaram em todas as fases de minha vida.

Agradeço aos amigos **Maurício** e **Solange** por estarem presentes nessa fase, acompanhando, auxiliando e dando-me força para chegar à conclusão dessa etapa.

Agradeço a você também, amigo **leitor**, e desejo de coração que este livro possa lhe ser útil e que o ajude a compreender melhor o potencial dessa ferramenta para que ela possa lhe trazer muitos frutos.

"Assegure-se de que todos aqueles que vêm até você partam melhores e mais felizes do que quando chegaram."

Madre Teresa de Calcutá

Sobre o autor

José Eduardo Chamon é Bacharel em Matemática e em Direito pelas Faculdades Metropolitanas Unidas (FMU) e possui MBA em Gestão Empresarial pela Strong Educacional e Fundação Getulio Vargas (FGV). Hoje, atua como especialista financeiro.

Trabalha com Excel há mais de 20 anos, desenvolvendo rotinas e otimizando processos com VBA e outras linguagens. Ministra cursos de Excel e *Dashboard* para empresas e alunos.

É webmaster do site www.ensinandoexcel.com.br e também Presidente da Associação Amigo Beija-flor (www.siteamigo.com). Coordenou os livros *Solidariedade* e *Solidariedade II - Depoimentos de um Beija-flor*.

Sumário

Capítulo 1 - História da Planilha Eletrônica e Definição de Dashboard 11

    1.1 História da planilha eletrônica 11

    1.2 Dashboard 13

Capítulo 2 - Base Inicial - Intervalos, Formatações e Dicas 15

    2.1 Nomeação de intervalos 15

    2.2 Formatações de células 18

    2.3 Dicas 20

        2.3.1 Apresentando o sinal negativo entre parênteses 20

        2.3.2 Somando diversas pastas de uma só vez 21

    Exercícios Propostos 23

Capítulo 3 - Funções Importantes 25

    3.1 Função PROCV 25

    Exercícios Propostos 32

    3.2 Função PROCH 32

    Exercícios Propostos 33

    3.3 Função ÍNDICE 34

    Exercícios Propostos 36

    3.4 Função CORRESP 36

    Exercícios Propostos 38

    3.5 Função ESCOLHER 38

    Exercício Proposto 39

    3.6 Função DESLOC 39

    Exercício Proposto 40

    3.7 Função REPT 41

    Exercícios Propostos 43

    3.8 Função INDIRETO 43

    Exercícios Propostos 44

    3.9 Função TEXTO 44

    Exercícios Propostos 44

3.10 Função SOMASES 45

Exercícios Propostos 45

3.11 Função ALEATÓRIOENTRE 46

Exercício Proposto 46

3.12 Função SEERRO 47

Exercícios Propostos 47

Capítulo 4 - Uso do Botão Câmera 49

4.1 Botão câmera 49

Exercícios Propostos 52

Capítulo 5 - Proteção com o Recurso VBA e Caixa de Controle de Formulário 53

5.1 Proteção com o recurso VBA 53

Exercício Proposto 55

5.2 Caixa de controle de formulário 55

Capítulo 6 - Gráficos 59

6.1 Gráfico de colunas com escolha no botão de opção 59

Exercícios Propostos 65

6.2 Gráfico de termômetro com caixa de combinação e caixa de listagem 65

Exercício Proposto 77

6.3 Gráfico de medição por período com Caixa de Seleção 78

Exercícios Propostos 84

6.4 Gráfico de velocímetro 84

Exercícios Propostos 96

Capítulo 7 - Painéis 97

7.1 Painel formatação condicional setas/semáforos com barra de rolagem 97

Exercícios Propostos 111

7.2 Painel de vendas com barra de rolagem 112

Exercícios Propostos 128

7.3 Painel com ordenação em VBA 128

Exercício Proposto 141

Bibliografia 142

Índice remissivo 143

Apresentação

Este livro foi desenvolvido para auxiliar os usuários do programa Excel no seu dia a dia. Traz exemplos simples e de fácil entendimento, que podem ser utilizados no cotidiano, ajudando e facilitando a criação de indicadores para que a tomada de decisão seja a mais assertiva possível.

Ao final do estudo deste livro, você poderá montar e criar diversos painéis com modelos de gráficos diferentes e com recursos que, possivelmente, jamais tenha usado ou que acreditava serem de difícil utilização.

A proposta deste livro é mostrar, com linguagem direta, simples e prática, diversos modelos e ideias para que, com base neles, você crie seus próprios modelos. Acredite: você também conseguirá, assim como eu, se desenvolver com essa maravilhosa ferramenta. Não existem limites para o Excel e você comprovará isso.

Aqui, a eficácia dessa ferramenta é demonstrada com o objetivo de multiplicar e difundir informações sobre ela.

Se você gosta de trabalhar com o Excel, este livro lhe servirá como um ótimo instrumento de aprendizagem. Contudo, se não gosta tanto assim, não há problema; a ideia é tornar seu uso tão fácil que você acabará apreciando e se familiarizando cada vez mais com essa ferramenta.

A obra se inicia com alguns exemplos funcionais para que você os exercite. Serão apresentadas dicas bem interessantes para o uso de suas planilhas no dia a dia.

É importante que o leitor mais avançado seja compreensivo nesse primeiro momento, pois serão fornecidos exemplos e formatações para facilitar o entendimento durante a aprendizagem.

No início, serão apresentadas de forma breve todas as funções importantes a serem utilizadas para reproduzir os exemplos mostrados.

Eis um breve resumo dos principais tópicos que serão tratados aqui: história da planilha eletrônica e definição de Dashboard; nomeação de intervalos e formatações de células; funções importantes: PROCH, ÍNDICE, CORRESP, ESCOLHER, DESLOC, entre outras; como utilizar o botão câmera; proteção com o recurso VBA e caixa de controle de formulário; e os diversos gráficos e painéis.

Uma vez que você passar a gostar do Excel e perceber seu potencial, poderá encontrar uma vasta literatura para aprofundar seus estudos e enriquecer seus conhecimentos.

Com o Excel é possível:

- navegar em páginas da internet;
- escrever documentos em Word;
- criar arquivos para o Power Point;
- enviar e-mails;
- acessar bancos de dados como o Access, Oracle, entre outros;
- baixar arquivos da internet;
- gravar arquivos em PDF;
- converter arquivos em PDF;
- navegar nas telas do SAP.

Então vamos lá. Bons estudos!

O autor

História da Planilha Eletrônica e Definição de Dashboard

Neste capítulo será abordado um pouco da história da planilha eletrônica. É importante saber sua origem, pois, a partir de agora, o objetivo é alcançar um novo nível de aprendizado e alguns detalhes fazem a diferença.

A seguir, você encontrará uma breve definição do que é Dashboard e como pode ser usado no cotidiano.

1.1 História da planilha eletrônica

Se nos remetermos à formação dos contabilistas, podemos afirmar que as planilhas são utilizadas há muitos anos. No entanto, atualmente, já contamos com a criação das planilhas eletrônicas.

Em 1978, Dan Bricklin, aluno da escola de administração da Universidade de Harvard (EUA), percebeu, em uma aula de controladoria, que seu professor gastava muito tempo fazendo cálculos na lousa. Para dar continuidade na aula do dia seguinte, levava-se um tempo muito grande para descrever tudo novamente, para dar prosseguimento à explicação. Foi assim que Dan Bricklin teve uma ideia.

Dan, com seu colega Bob Frankston, elaborou um programa, o qual simulava o quadro-negro do professor. Nascia assim a primeira planilha eletrônica. Posteriormente, fundaram a empresa VISICORP e lançaram a planilha com o nome de *Visicalc* (*Visible Calculator*).

Em 1980, possuir um computador era muito caro e suas funcionalidades eram muito restritas. Com a criação do *Visicalc*, uma nova finalidade começou a ser percebida, havendo um aumento nas vendas de computadores.

Em 1983, a Lotus Corporation lançou o LOTUS 1 2 3, uma ferramenta eficaz, capaz de montar gráficos e trabalhar com uma base de dados, superando assim o *Visicalc*. Além dessas, havia também *Supercalc*, *Multiplan* e *Quattro Pro*.

Nos anos 1990, a Microsoft cria o MS Windows, lançando também a sua planilha Excel, que se tornou líder de mercado.

A primeira versão do Excel foi lançada para Mac em 1985 e a versão para Windows teve o seu lançamento em 1987, com o nome de Microsoft Excel 2.0. Em pouco tempo, a Microsoft liderou o mercado das planilhas eletrônicas e em 1990 lançou a versão 3.0.

Tabela 1.1 - Esquema evolutivo das versões do Excel

Versões do Microsoft Excel para Windows	
Ano	Versão
1987	Excel 2.0 para Windows
1990	Excel 3.0
1992	Excel 4.0
1993	Excel 5.0
1995	Excel 7.0 (Office 95)
1997	Excel 8.0 (Office 97)
1999	Excel 9.0 (Office 2000)
2001	Excel 10.0 (Office XP)
2003	Excel 11.0 (Office 2003)
2007	Excel 12.0 (Office 2007)
2010	Excel 14.0 (Office 2010)
2013	Excel 15.0 (Office 2013)

Fontes: <http://www.bricklin.com> e site da Microsoft no Brasil <http://office.microsoft.com/pt-br/excel/>.

O grande diferencial em relação aos outros programas de sua categoria é a flexibilidade apresentada pela formatação gráfica dos dados. Desde 1993, o Excel inclui o

Visual Basic for Applications (VBA)[1], uma linguagem de programação baseada no *Visual Basic*, definida pelo usuário por meio de macros. Até a 11ª versão (2003), o formato de arquivo padrão do Excel era o .xls. A partir da 12ª versão, o formato passou a ser .xlsx.

1.2 Dashboard

Pode-se dizer que o Dashboard, ou Painel de Controle, é um armazenador de várias formas de demonstrar relatórios, tabelas ou indicadores.

Em um carro, por exemplo, podemos imaginar o seu velocímetro, indicador de nível de óleo, indicador de combustível, entre outros. Todos eles nos dão indicação de que alguma ação deve ou não ser tomada, conforme o seu resultado.

Se uma luz vermelha acender no indicador de combustível, provavelmente seu nível está baixo, em pouco tempo você precisará abastecer. Se fosse com o Excel, não seria diferente. Vamos imaginar que você tenha um painel e em algum momento uma célula vermelha é sinalizada: isso requer maior atenção sobre aquele determinado dado que foi mostrado, ou seja, uma ação terá que ser tomada, pois algo não está certo.

Ao analisar a situação dentro de uma empresa, pode-se, por meio do monitoramento de informações, mostrar a evolução de um determinado assunto no tempo, ou seja, por meio de uma representação ilustrada, é possível acompanhar o andamento dos negócios de sua empresa.

A análise de um Dashboard não se resume apenas ao corpo diretivo para a tomada de decisão; poderá ser utilizado todos os dias, ajudando a encontrar possíveis problemas de forma mais rápida, evitando assim grandes transtornos.

Imagine-se diante de uma planilha com inúmeras linhas. Como analisá-las? Qual foi o faturamento de um determinado mês? Como as filiais de sua empresa estão se comportando? Quais são seus melhores vendedores? Como anda a saúde financeira de sua empresa? Diversas são as perguntas que podem ser respondidas com a criação desses painéis.

Vários são os recursos que podemos utilizar para a criação dessas informações. Um deles é o Excel, poderosa ferramenta utilizada na grande maioria das empresas a um custo bem acessível. Com ela, é possível criar novas formas de visualizar relatórios, criar painéis etc.

No Excel, conta-se também com o poder do controle de formulário na guia Desenvolvedor, explorando os controles de Caixa de Combinação, Caixa de Seleção, Botão de Opção e muito mais. Com certeza serão alcançados grandes resultados.

Caso não se considere uma pessoa criativa, o conteúdo deste livro vai ajudá-lo a desenvolver modelos incríveis.

---

[1] VBA (*Visual Basic for Applications*) - Linguagem de programação baseada no Visual Basic, incorporado a todos os programas do Microsoft Office.

Base Inicial - Intervalos, Formatações e Dicas

Este capítulo irá abordar um conceito bem básico sobre intervalo de células e demonstrar como nomear este intervalo, o que ajudará muito nas diversas ações na planilha. Serão apresentados alguns exemplos nos capítulos seguintes.

Formatações são muito importantes. Em nossos exemplos, os valores aplicados serão sempre valores muito pequenos. Neste caso, serão apresentados alguns exemplos da formatação requerida para grandes valores. Por exemplo, em vez de apresentar na planilha o valor de R$ 1.000.000,00, seria muito mais fácil expressar algo como R$ 1M como representação de milhares.

E, ao final do capítulo, são apresentadas duas dicas: uma facilitará a apresentação de células negativas e a outra mostrará como somar diversas pastas com o mesmo *layout*, de uma só vez.

2.1 Nomeação de intervalos

Quando falamos em célula, estamos falando da ligação compreendida entre uma linha e uma coluna. Por exemplo, na Figura 2.1 a célula C4 é a intersecção da coluna C com a linha 4.

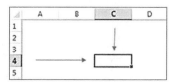

Figura 2.1 - Intersecção de uma coluna com uma linha.

Quando falamos em intervalos, estamos nos referindo ao conjunto de células compreendidas por uma região maior, como de C3 a E9.

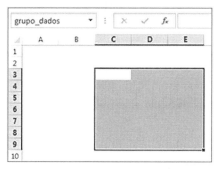

Figura 2.2 - Intervalo de células.

Na Figura 2.2 podemos ver o intervalo das células compreendidas entre as células C3 a E9.

Até agora, parece muito fácil. A intenção é mostrar que podemos dar nomes tanto para as células como para os intervalos. Por exemplo, o intervalo das células de C3 a E9. Em vez de se referir ao intervalo como "intervalo de C3 a E9", pode-se dar um nome a esse intervalo, que, nesse caso, será grupo_dados. Ao local onde escrevemos (no caso grupo_dados, conforme a Figura 2.2), dá-se o nome de Caixa de Nomes.

Vamos supor uma tabela com alguns valores e que se deseja dividi-los por um determinado valor, conforme a Figura 2.3. O valor a que nos referimos está preenchido na célula F1. Selecione a célula F1, dê a essa célula o nome de "dolar" na Caixa de Nomes.

	A	B	C	D	E	F
1	item	Valor R$	Valor US$		Dolar	2,56
2	Sapato	1.200,45	468,93			
3	Calça	2.459,34	960,68			
4	Meia	3.245,30	1.267,70			
5	Chinelo	890,43	347,82			

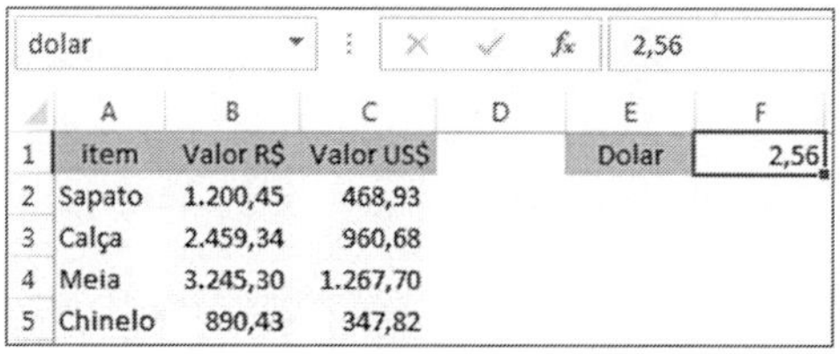

Figura 2.3 - Tabela de dados.

Agora, veja a Figura 2.4, na qual as fórmulas estão sendo mostradas. A facilidade de se nomear uma célula ou um intervalo de células é que, se o seu conteúdo for arrastado, nada muda, pois o intervalo já está fixado. É como se estivesse sendo atribuída uma referência absoluta a esta célula.

Figura 2.4 - Divisão de valores por uma célula específica.

Quando é atribuído um nome a uma célula ou um intervalo, este nome vai valer para todas as outras pastas (plan1, plan2, plan3) da mesma planilha. Neste caso, se formos até a plan3 e digitar na célula A1*f*(x) = dolar, o que será mostrado será o valor de 2,56.

Na Figura 2.5 é notável que seja possível cruzar os intervalos entre diversas células, por exemplo: para as células de B7 a C7, deu-se o nome de bimestre; às células de B7 a D7, o de trimestre e para as células de B7 a G7, o de semestre. Os painéis poderão ficar bem mais atrativos realizando comparativos dessa maneira, seja ano atual *versus* ano atual ou ano atual *versus* ano anterior. Isso fará que as planilhas fiquem com uma grande flexibilidade.

Estes intervalos poderão ser utilizados com as funções. Observe a Figura 2.5: os intervalos estão presentes na função SOMA e o cursor está posicionado na célula B14. Veja em *f*(x) a função SOMA sendo utilizada para somar o bimestre, o intervalo entre B7 a C7.

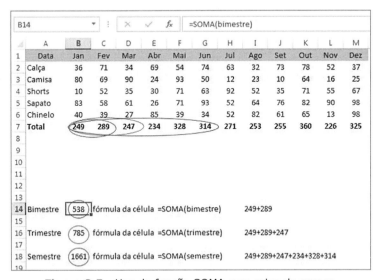

Figura 2.5 - Uso da função SOMA com caixa de nomes.

Base Inicial - Intervalos, Formatações e Dicas

2.2 Formatações de células

Na Figura 2.6, é possível visualizar algumas formatações que serão úteis na representação de valores.

Na coluna A temos o valor normal da planilha; na coluna B, a forma que o dado será mostrado após o uso da função TEXTO. Na coluna C é a fórmula que foi utilizada na coluna B. Sobre a função TEXTO, iremos dar mais exemplos no Capítulo 3, Funções Importantes.

	A	B	C	D
1	Valor Inicial	Valor a ser apresentado	Fórmula utilizada	Descrição
3	213	00213	=TEXTO(A3;"00000")	colocar zeros à esquerda
5	3,141592654	3,14	=TEXTO(A5;"##,00")	mostrar apenas 2 casas decimais
7	2,35	00002	=TEXTO(A7;"00000")	zeros à esquerda sem casas decimais
9	2	2,4	=TEXTO(A9;"0,0;-0,00;;@")	arredondando um valor
11	123456789	123457	=TEXTO(A11;"0.")	ocultar uma centena
13	123456789	123	=TEXTO(A13;"0..")	ocultar centenas e milhares
15	123456789	R$ 123	=TEXTO(A15;"R$ 0..")	ocultar centenas e milhares acrescentando o símbolo de moeda
17	123456789	123 M	=TEXTO(A17;"0.. """"M"""""")	apresentação de milhares

Figura 2.6 - Uso da função TEXTO com valores.

As formatações são muito úteis para a visualização dos relatórios. O valor 123.456.789, por exemplo, é mais bem visualizado desta maneira: 123 M.

Na Figura 2.7 estão outros exemplos de formatação para datas.

	A	B	C	D
1	Valor Inicial	Valor a ser apresentado	Fórmula utilizada	Descrição
3	08/01/2014	8	=TEXTO(A3;"d")	dia com uma casa
4		08	=TEXTO(A3;"dd")	dia com duas casas
5		qua	=TEXTO(A3;"ddd")	dia da semana abreviado
6		quarta-feira	=TEXTO(A3;"dddd")	dia da semana
8	08/01/2014	1	=TEXTO(A8;"m")	mês com uma casa
9		01	=TEXTO(A8;"mm")	mês com duas casas
10		jan	=TEXTO(A8;"mmm")	mês abreviado
11		janeiro	=TEXTO(A8;"mmmm")	mês
13	08/01/2014	14	=TEXTO(A13;"a")	ano com duas casas
14		14	=TEXTO(A13;"aa")	ano com duas casas
15		2014	=TEXTO(A13;"aaaa")	ano com quatro casas

Figura 2.7 - Uso da função TEXTO para datas.

Já na Figura 2.8 é possível acompanhar formatações para tipos de valores com hora.

	A	B	C	D
1	Valor inicial	Valor a ser apresentado	Fórmula utilizada	Descrição
2				
3	06:22	6:22 AM	=TEXTO(A3;"h:mm AM/PM")	Relógio de 12 horas
4				
5	06:22	6:22:00 AM	=TEXTO(A5;"h:mm:ss AM/PM")	Relógio de 12 horas com segundos
6				
7	16:22	16:22	=TEXTO(A7;"hh:mm")	Relógio de 24 horas com minutos
8				
9	16:22	16:22:00	=TEXTO(A9;"hh:mm:ss")	Relógio de 24 horas com minutos e segundos
10				
11	16:22	16:22:00	=TEXTO(A11;"[h]:mm:ss")	Utilizado para cálculo de diferença de horas

Figura 2.8 - Uso da função TEXTO para horas.

No último exemplo, [h]:mm:ss, essa formatação é utilizada para cálculo de horas passadas de um dia para o outro, conforme demonstrado na Figura 2.9.

	A	B	C	D
1		Data e hora de início	Data e hora de término	Total de horas
2				
3		03/07/2014 09:00 AM	06/07/2014 06:00 AM	69:00:00
4				
5	Formatação utilizada	dd/mm/aaaa hh:mm AM/PM	dd/mm/aaaa hh:mm AM/PM	[h]:mm:ss
6				
7		dia 3	15	
8		dia 4	24	
9		dia 5	24	
10		dia 6	6	
11		total	69	

Figura 2.9 - Cálculo de horas.

NOTA

Se por algum motivo ocorrerem cálculos com horas negativas, deverá ser alterado o parâmetro para sistema de data de 1904. Para alterar esse parâmetro, clique em Arquivo, Opções, Avançado. No quadro **Ao calcular esta pasta de trabalho**, clique em Usar sistema de data de 1904, conforme Figura 2.10.

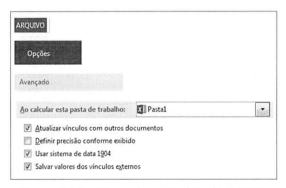

Figura 2.10 - Alterando o uso data do sistema.

Base Inicial - Intervalos, Formatações e Dicas

ATENÇÃO

Caso sejam usadas outras pastas interligadas, é preciso verificar se todas estão com o mesmo formato para evitar resultados incorretos.

2.3 Dicas

2.3.1 Apresentando o sinal negativo entre parênteses

A apresentação dos dados negativos entre parênteses facilita muito a visualização dos dados em uma tabela com grande quantidade de informações. Alguns usuários do Excel se preocupam por não obter os valores apresentados entre parênteses; por isso, é interessante apresentar o seguinte: na Figura 2.11 não há essa opção. Os próximos passos mostram a inserção dessa opção.

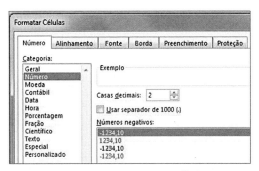

Figura 2.11 - Formatar células.

Entrar em **Painel de Controle**. Procurar por Região, Idioma, Opções regionais ou algo que lembre algumas dessas opções, pois dependerá da versão do Windows.

Clicar em **Configurações Adicionais**.

Em **Unidade Monetária**, mudar o formato para moeda negativo entre parênteses.

Figura 2.12 - Personalizar formato de unidade monetária.

Em **Números**, mudar também o formato para número negativo entre parênteses.

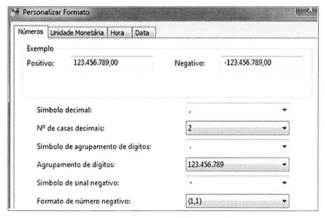

Figura 2.13 - Personalizar formato de números.

Clicar em **Aplicar** e pronto.

O resultado está representado na Figura 2.14.

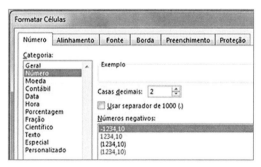

Figura 2.14 - Formatar células com parênteses para sinal negativo.

2.3.2 Somando diversas pastas de uma só vez

O objetivo desta soma é mostrar que a padronização das planilhas será sempre uma grande aliada. Ao imaginar uma planilha (plan1, plan2, plan3) para cada mês para a qual se deseja criar uma única pasta de total, muitas pessoas somariam célula a célula para obter este resultado; mas existe uma maneira simples e prática de realizar isso com um único comando. A única medida necessária é certificar-se que todas elas estejam padronizadas e tenham a mesma estrutura.

Vamos exemplificar

É preciso criar na planilha as seguintes pastas: Plan1, <, Plan2, Plan3, Plan4, Plan5, >, Plan6 conforme a Figura 2.15. Para colocar os sinais de < ou > conforme a Figura 2.16, clicar na pasta Plan2 com o botão direito do mouse, escolher a opção Inserir Planilha e, em seguida, clicar novamente com o botão direito do mouse e escolher a opção Renomear. Em seguida, fazer o mesmo com a pasta Plan6.

Figura 2.15 - Inserindo pastas.

Digitar os seguintes valores nas pastas, conforme Figura 2.16.

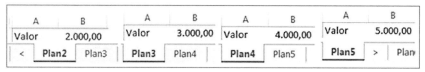

Figura 2.16 - Valores na coluna B em todas as pastas.

É preciso notar que, na célula A1, sempre se tem um texto e os valores encontram-se na coluna B de cada pasta:

Plan2 = 2.000,00

Plan3 = 3.000,00

Plan4 = 4.000,00

Plan5 = 5.000,00

A somatória total de todas as células B1 de todas as pastas demonstradas seria 14.000,00.

Na Plan1, na célula B1, digitar =SOMA('<:>'!B1), conforme Figura 2.17.

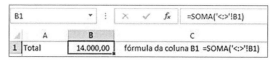

Figura 2.17 - Soma de dados entre pastas.

É possível observar que todas as pastas contidas entre <> foram somadas na célula indicada. Caso sejam criadas pastas intermediárias dentro deste parâmetro <>, a soma ocorrerá automaticamente. Não há necessidade de as pastas terem estes nomes <>; o uso foi apenas a título exemplificativo.

A Figura 2.18 demonstra, na prática, a soma entre pastas. Foram somadas todas as células B1 de todas as pastas compreendidas entre as pastas Jan e Dez.

Valores	
Qtde Acumulata	Média Mensal
50	13
=SOMA(Jan:Dez!B1)	=MÉDIA(Jan:Dez!B1)

| Plan1 | Jan | Fev | Mar | Abr | Mai | Jun | Jul | Ago | Set | Out | Nov | Dez | (+) |

Figura 2.18 - Soma e média dos valores entre pastas.

EXERCÍCIOS PROPOSTOS

1. Crie um relatório onde poderá existir a visualização dos valores em R$ ou US$. Para isso, nomeie duas células: uma para a opção da visualização (exemplo: R para R$ e U para US$) e outra como respectivo valor da moeda. Se for real, utilize 1; se for dólar, utilize a cotação do dia. Com isso, divida todos os seus valores pelo valor da moeda e você terá o mesmo relatório sendo mostrado para diferentes moedas.

2. Monte um relatório com diferentes pastas por estados (SP, PR, MG, BH) e, ao final, crie uma pasta com o total geral seguindo o exemplo da dica de soma. Após a criação, insira mais um estado (RJ) entre SP e PR e veja o que acontece com a pasta total geral. Não se esqueça de que todas deverão ter a mesma estrutura e disposição dos dados.

capítulo 3

Funções Importantes

Este capítulo apresentará as funções que serão utilizadas ao longo do livro e algumas de suas variações. Algumas, certamente, você já utiliza no seu dia a dia, mas sempre é possível acrescentar algo mais.

3.1 Função PROCV

O objetivo dessa função é o de pesquisar o valor de uma coluna na vertical mais à esquerda de um conjunto de células informadas, que satisfaça uma determinada condição. Essas células deverão estar em ordem crescente. Ao encontrar a pesquisa desejada, o valor correspondente retornará à coluna informada em Núm_índice_coluna.

Sintaxe da função

ProcV(Valor_procurado; Matriz_tabela; Núm_índice_coluna; Procurar_intervalo)

Valor_procurado

Identifica o valor que se deseja procurar.

Matriz_tabela

Identifica o conjunto de valores em que se deseja efetuar a pesquisa.

Núm_índice_coluna

Identifica a coluna na qual se deseja obter o valor.

Procurar_intervalo

Poderá ser identificado por dois valores: falso (0) ou verdadeiro (1). Se for digitado Verdadeiro, retornará o valor mais próximo que for encontrado; já no caso Falso, retornará o valor exato da procura.

Exemplo

Na Figura 3.1, vamos supor que temos uma sala com vários alunos, com as suas respectivas faltas e notas de prova.

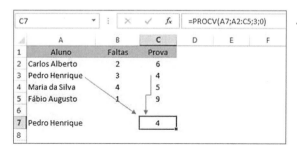

Figura 3.1 - Exemplo da função PROCV.

Na célula C7, tem-se a seguinte fórmula: $f(x)$ =PROCV(A7;A2:C5;3;0)

A fórmula se traduz da seguinte maneira: procura-se o valor da célula A7 (Pedro Henrique), no intervalo das células de A2 a C5; o resultado esperado vai estar na terceira coluna (Prova) e a intenção é encontrar o nome exato de Pedro Henrique na pesquisa.

O dado apresentado como busca deverá estar sempre na primeira coluna à esquerda da pesquisa. Nesse caso, Pedro Henrique está à esquerda do intervalo de A2 a C5. O mesmo ocorreria para buscar as faltas de Fábio Augusto. Ver Figura 3.2.

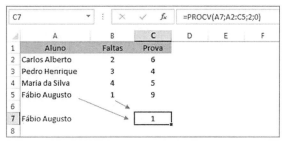

Figura 3.2 - Exemplo II da função PROCV.

Na célula C7, tem-se a seguinte fórmula: f(x) =PROCV(A7;A2:C5;2;0).

Observar que o nome Fábio Augusto, que foi o valor da pesquisa, encontra-se à esquerda do intervalo de A2 a C5.

Novo exemplo

Em suposição, uma determinada empresa, a XPTO, tem diversos funcionários em seu departamento de vendas. Cada funcionário recebe a sua comissão quando atinge a meta estipulada pela empresa.

Isso está representado na Figura 3.3. É possível observar que o intervalo de E2 a G8 está selecionado e que na caixa de nomes foi dado o nome de intervalo.

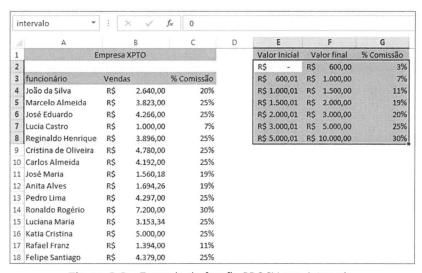

Figura 3.3 - Exemplo da função PROCV com intervalo.

A fórmula utilizada na coluna C da Figura 3.3 foi demonstrada na Figura 3.4, onde se tem a utilização do uso do PROCV. Pesquisando o intervalo de células (E2 a G8) e no quarto parâmetro (procurar intervalo) coloca-se o valor 1, ou seja, falso. E o PROCV mostrou o valor compreendido no intervalo pesquisado.

E, para facilitar o entendimento, notam-se as setas da Figura 3.5, na qual os valores estão compreendidos entre valor inicial e valor final, buscando assim o percentual de comissão correta para cada valor apresentado.

	A	B	C
1		Empresa XPTO	
2			
3	funcionário	Vendas	% Comissão
4	João da Silva	2640	=PROCV(B4;intervalo;3;1)
5	Marcelo Almeida	3823	=PROCV(B5;intervalo;3;1)
6	José Eduardo	4266	=PROCV(B6;intervalo;3;1)
7	Lucia Castro	1000	=PROCV(B7;intervalo;3;1)
8	Reginaldo Henrique	3896	=PROCV(B8;intervalo;3;1)
9	Cristina de Oliveira	4780	=PROCV(B9;intervalo;3;1)
10	Carlos Almeida	4192	=PROCV(B10;intervalo;3;1)
11	José Maria	1560,18	=PROCV(B11;intervalo;3;1)
12	Anita Alves	1694,26	=PROCV(B12;intervalo;3;1)
13	Pedro Lima	4297	=PROCV(B13;intervalo;3;1)
14	Ronaldo Rogério	7200	=PROCV(B14;intervalo;3;1)
15	Luciana Maria	3153,34	=PROCV(B15;intervalo;3;1)
16	Katia Cristina	5000	=PROCV(B16;intervalo;3;1)
17	Rafael Franz	1394	=PROCV(B17;intervalo;3;1)
18	Felipe Santiago	4379	=PROCV(B18;intervalo;3;1)

Figura 3.4 - Demonstração da função PROCV com intervalo.

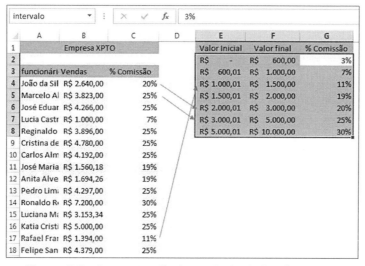

Figura 3.5 - Demonstração do resultado da função PROCV.

Novo exemplo

Agora, supõe-se uma planilha de títulos por cliente, conforme a Figura 3.6, e necessita-se saber o resumo geral desses títulos.

	A	B	C
1	Nome	Data	Valor
2	João da Silva	18/09/2014	R$ 2.640,00
3	Marcelo Almeida	08/02/2014	R$ 3.823,00
4	José Eduardo	14/09/2014	R$ 4.266,00
5	Lucia Castro	23/09/2014	R$ 1.000,00
6	Reginaldo Henrique	07/10/2014	R$ 3.896,00
7	Cristina de Oliveira	05/07/2014	R$ 4.780,00
8	Carlos Almeida	19/09/2014	R$ 4.192,00
9	José Maria	15/09/2014	R$ 1.560,18
10	Anita Alves	08/09/2014	R$ 1.694,26
11	Pedro Lima	07/10/2014	R$ 4.297,00
12	Ronaldo Rogério	05/06/2014	R$ 7.200,00
13	Luciana Maria	23/04/2014	R$ 3.153,34
14	Katia Cristina	08/09/2014	R$ 5.000,00
15	Rafael Franz	14/08/2014	R$ 1.394,00
16	Felipe Santiago	19/09/2014	R$ 4.379,00
17		Total	R$ 53.274,78

Figura 3.6 - Títulos vencidos ou a vencer.

Para saber como os títulos estão se comportando, é preciso criar um campo com a data do dia e saber há quantos dias o título está em aberto ou a vencer. É necessário criar também um intervalo para uma descrição mais detalhada de seus títulos, com uma posição a cada 30 dias e, depois, realizar um resumo geral.

Digitar na célula H1 a data do dia em que se está trabalhando. No caso do exemplo a seguir, foi utilizada a data 18/09/2014.

No intervalo de G3 a I11, criar uma pequena tabela para nomear o resultado de cada título, conforme a Figura 3.7.

G	H	I
Hoje	18/09/2014	
Início	Término	Título
-999	0	A vencer
1	30	Vencido 30 dias
31	60	Vencido de 30 a 60 dias
61	90	Vencido de 60 a 90 dias
91	120	Vencido de 90 a 120 dias
121	150	Vencido de 120 a 150 dias
151	180	Vencido de 150 a 180 dias
181	999999	Vencido acima de 180 dias

Figura 3.7 - Tabela para identificação da posição de cada título.

Na célula D2, digitar a seguinte fórmula: =$H$1-B2.

Selecionar a célula D2 e arrastar até a linha 16.

Selecionar as células do intervalo de G4 a I11 e, na caixa de nomes, nomear como intervalo.

Na célula E2, digitar a seguinte fórmula: =PROCV (D2;intervalo;3;1).

Selecionar a célula E2 e arrastar até a linha 16.

O resultado obtido será conforme a Figura 3.8.

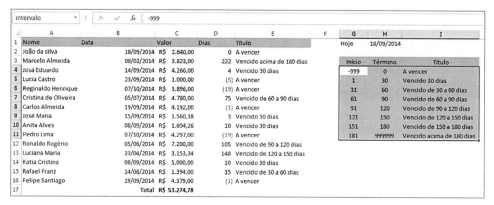

Figura 3.8 - Tabela de títulos calculada.

Utilizando as funções CONT.SE e SOMASE, pode-se obter um resumo final da tabela conforme a Figura 3.9.

	A	B	C	D	E
1	Nome	Data	Valor	Dias	Título
2	João da silva	18/09/2014	R$ 2.640,00	0	A vencer
3	Marcelo Almeida	08/02/2014	R$ 3.823,00	222	Vencido acima de 180 dias
4	Josá Eduardo	14/09/2014	R$ 4.266,00	4	Vencido 30 dias
5	Lucia Castro	23/09/2014	R$ 1.000,00	(5)	A vencer
6	Reginaldo Henrique	07/10/2014	R$ 3.896,00	(19)	A vencer
7	Cristina de Oliveira	05/07/2014	R$ 4.780,00	75	Vencido de 60 a 90 dias
8	Carlos Almeida	19/09/2014	R$ 4.192,00	(1)	A vencer
9	José Maria	15/09/2014	R$ 1.560,18	3	Vencido 30 dias
10	Anita Alves	08/09/2014	R$ 1.694,26	10	Vencido 30 dias
11	Pedro Lima	07/10/2014	R$ 4.297,00	(19)	A vencer
12	Ronaldo Rogério	05/06/2014	R$ 7.200,00	105	Vencido de 90 a 120 dias
13	Luciana Maria	23/04/2014	R$ 3.153,34	148	Vencido de 120 a 150 dias
14	Katia Cristina	08/09/2014	R$ 5.000,00	10	Vencido 30 dias
15	Rafael Franz	14/08/2014	R$ 1.394,00	35	Vencido de 30 a 60 dias
16	Felipe Santiago	19/09/2014	R$ 4.379,00	(1)	A vencer
17		Total	R$ 53.274,78		
18					
19	Título		Valor	Qtde Títulos	
20	A vencer		R$ 20.404,00	6	
21	Vencido 30 dias		R$ 12.520,44	4	
22	Vencido de 30 a 60 dias		R$ 1.394,00	1	
23	Vencido de 60 a 90 dias		R$ 4.780,00	1	
24	Vencido de 90 a 120 dias		R$ 7.200,00	1	
25	Vencido de 120 a 150 dias		R$ 3.153,34	1	
26	Vencido de 150 a 180 dias		R$ -	0	
27	Vencido acima de 180 dias		R$ 3.823,00	1	
28		Total	R$ 53.274,78	15	

Figura 3.9 - Tabela de títulos calculada.

No intervalo de B19 a D28, tem-se o resultado final da tabela de títulos.

Na célula C20, digitar a seguinte fórmula:

=SOMASE($E$2:$E$16;B20;$C$2:$C$16)

Selecionar a célula C20 e arrastar até a linha 27.

Na célula D20, digitar a seguinte fórmula:

=CONT.SE($E:$E;B20)

Selecionar a célula D20 e arrastar até a linha 27.

Ao final, colocar uma somatória para estas duas colunas e finalizar a tabela.

Novo exemplo

Aqui, também é possível observar outro uso da função PROCV, buscando os dados entre datas. Quando a coluna estiver em ordem crescente e o parâmetro procurar intervalo como 1 (verdadeiro), a função irá retornar a última ocorrência da pesquisa, conforme o exemplo na Figura 3.10.

	A	B
1	Nome	Valor Inicial
2	João da Silva	19/09/2014
3	João da Silva	20/09/2014
4	João da Silva	21/09/2014
5	José Eduardo	12/09/2014
6	José Eduardo	13/09/2014
7	José Eduardo	14/09/2014
8	José Eduardo	15/09/2014
9	José Eduardo	16/09/2014
10	José Eduardo	17/09/2014
11	José Eduardo	18/09/2014
12	Marcelo Almeida	02/09/2014
13	Marcelo Almeida	03/09/2014
14		
15	José Eduardo	18/09/2014
16		=PROCV(A15;A2:B13;2;1)

Figura 3.10 - Exemplo da função PROCV retornando a última ocorrência.

A coluna B está em ordem crescente de datas por nome. Na pesquisa de José Eduardo, utilizando o PROCV com o parâmetro, procurar intervalo como 1 (verdadeiro) trouxe a última ocorrência de data para a pesquisa solicitada.

Novo exemplo

Outro exemplo do uso do PROCV é a combinação na pesquisa utilizando "*ou ?".

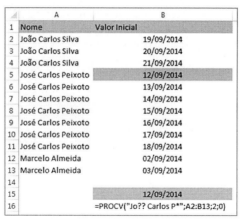

Figura 3.11 - Exemplo da função PROCV utilizando * ou ?.

Na Figura 3.11 tem-se a seguinte combinação para a pesquisa: as duas primeiras letras deverão ser Jo; as duas próximas poderão ser qualquer uma; as seguintes deverão ser Carlos P e qualquer outro texto após a letra P. Neste exemplo foi solicitado no parâmetro **procurar_intervalo** como 0 (falso) para devolver a primeira ocorrência encontrada.

EXERCÍCIOS PROPOSTOS

1. Crie um *aging*[2] de Contas a Receber para saber como estará seu fluxo de valores a receber para os próximos seis meses. Realize as quebras pela data de recebimento de 30 em 30 dias.
2. Crie outro relatório para saber os valores a serem pagos para os próximos seis meses. Realize as quebras pela data de pagamento de 30 em 30 dias. A união destes dois relatórios será o seu fluxo de caixa para os próximos seis meses.

3.2 Função PROCH

Esta função tem como objetivo procurar um valor em uma linha específica de um conjunto de células informadas, que satisfaça uma determinada condição.

A sua procura é feita de forma horizontal. Ao encontrar o valor procurado, retorna o conteúdo especificado na linha correspondente ao parâmetro Núm_índice_lin.

Sintaxe da função

ProcH(Valor_procurado; Matriz_tabela; Núm_índice_lin; Procurar_intervalo)

---

[2] *Aging* - Nos exemplos utilizados, serve como mensuração da cronologia dos valores em determinado tempo.

Valor_procurado

Identifica o valor que se deseja procurar.

Matriz_tabela

Identifica o conjunto de valores em que se deseja efetuar a pesquisa.

Núm_índice_lin

Identifica a linha na qual se deseja obter o valor.

Procurar_intervalo

Poderá ser identificado por dois valores: falso (0) ou verdadeiro (1). Se for digitado verdadeiro, retornará o valor mais próximo que for encontrado; já no caso falso, retornará o valor exato da procura.

Exemplo

A Figura 3.12 apresenta alguns valores de produtos mês a mês. A pesquisa será efetuada informando qual valor na horizontal se deseja localizar; nesse caso, será o mês Mai e, ao encontrar este mês, deverá retornar o conteúdo da linha quatro na célula B9.

A fórmula utilizada foi f(x) =PROCH(A9;A1:M6;4;0), ou seja, procurar o conteúdo da célula A9 na horizontal dentro do intervalo de A1 a M6 e, ao localizar, a pesquisa retornará o conteúdo da linha 4.

	A	B	C	D	E	F	G	H	I	J	K	L	M
1	Item	Jan	Fev	Mar	Abr	Mai	Jun	Jul	Ago	Set	Out	Nov	Dez
2	Calça	15	58	81	57	97	164	49	98	34	187	70	149
3	Camisa	187	116	25	81	80	105	139	110	102	89	5	51
4	Shorts	125	171	165	43	128	137	31	112	107	86	194	190
5	Sapato	139	22	70	125	168	7	77	79	171	72	143	47
6	Chinelo	82	198	152	137	126	126	163	174	57	126	97	65
7													
8		Resultado											
9	Mai	128											
10		=PROCH(A9;A1:M6;4;0)											

Figura 3.12 - Exemplo da função PROCH.

EXERCÍCIOS PROPOSTOS

1. Com base no exemplo apresentado anteriormente, crie um relatório que, em vez de meses, você teria contas contábeis e, em vez de item, você teria os meses. Tente localizar valores.
2. Com o resultado obtido no exercício anterior, utilize a função PROCV para buscar outro dado em outra pasta, por exemplo, um código.

3.3 Função ÍNDICE

A função ÍNDICE tem por objetivo retornar um valor ou uma referência para um valor dentro de uma tabela ou de um intervalo.

Sintaxe da função

ÍNDICE(matriz; núm_linha ; núm_coluna)

Matriz

Identifica o intervalo de células ou uma constante de matriz.

Se esta matriz possuir apenas uma linha ou coluna, os argumentos núm_linha e núm_coluna são opcionais.

núm_linha

Seleciona a linha da matriz. Se for omitido este valor, núm_coluna será obrigatório.

núm_coluna

Seleciona a coluna da matriz. Se for omitido este valor, núm_linha será obrigatório.

Exemplo

Quando é solicitada ao Excel a utilização da função ÍNDICE, duas opções serão abertas conforme a Figura 3.13.

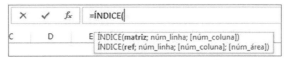

Figura 3.13 - Exemplo da função ÍNDICE.

Primeiro, vamos utilizar o exemplo **matriz**, ou seja, você informa um intervalo desejado para satisfazer determinada condição, como apresentado na Figura 3.14.

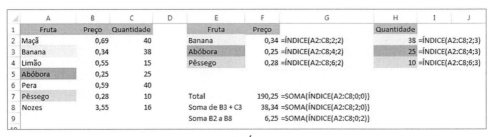

Figura 3.14 - Exemplo da função ÍNDICE utilizando a opção matriz.

Na coluna A, são listadas algumas frutas, na coluna B o preço de cada uma delas e na coluna C a quantidade. Portanto, nosso intervalo de dados está entre as células A2 a C8.

Analisando as fórmulas

Célula F2 =ÍNDICE(A2:C8;2;2) - foi informado um intervalo e selecionada, dentro deste intervalo, a segunda linha e a segunda coluna, lembrando que as colunas começam do valor 1.

Célula F3 =ÍNDICE(A2:C8;4;2) - foi informado um intervalo e selecionada, dentro deste intervalo, a quarta linha e a segunda coluna.

Célula F4 =ÍNDICE(A2:C8;6;2) - foi informado um intervalo e selecionada, dentro deste intervalo, a sexta linha e a segunda coluna.

Nas células H2 a H4, o processo foi o mesmo; apenas foi mudado o número da coluna de 2 para 3.

Na célula F7 =SOMA(ÍNDICE(A2:C8;0;0)), foram somados todos os valores numéricos compreendidos no intervalo informado.

Na célula F8 =SOMA(ÍNDICE(A2:C8;2;0)), foi realizada a soma dos valores numéricos da segunda linha de ocorrência dentro do intervalo solicitado.

Na célula F9 =SOMA(ÍNDICE(A2:C8;0;2)), foi realizada a soma de todos os valores numéricos da segunda coluna.

Na Figura 3.15 é possível observar o exemplo da função ÍNDICE sendo utilizada com a opção **ref**. Essa função deverá retornar a referência de uma célula de intersecção de linha e coluna.

	A	B	C	D	E	F
1	Fruta	Preço	Quantidade			
2	Maçã	0,69	40			
3	Banana	0,34	38			
4	Limão	0,55	15			0,55 =ÍNDICE(A2:C8;3;2;1)
5	Abóbora	0,25	25			
6	Pera	0,59	40			
7	Pêssego	0,28	10			
8	Nozes	3,55	16			

Figura 3.15 - Exemplo da função ÍNDICE utilizando a opção ref.

Na célula E2 =ÍNDICE(A2:C8;3;2;1), é solicitado que, dentro do intervalo, seja mostrada a terceira linha, da segunda coluna e uma única ocorrência.

A função ÍNDICE também é muito utilizada de forma mais simples, ou seja, em uma lista de dados em que é preciso saber qual é o quinto elemento da lista, conforme a Figura 3.16.

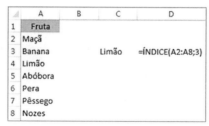

Figura 3.16 - Exemplo da função ÍNDICE em uma lista de dados.

Na célula C3=ÍNDICE(A2:A8;3), é informado apenas o intervalo desejado e a ocorrência que desejamos. Pode-se utilizar também a função ÍNDICE com o CORRESP.

EXERCÍCIOS PROPOSTOS

1. Crie uma tabela com todos os meses do ano. Na data de hoje, utilize a função ÍNDICE para tentar localizar o nome do respectivo mês, tendo como ajuda a função MÊS.
2. Crie um intervalo de dados com o nome de todos os produtos de sua empresa e dê um nome para esse intervalo na caixa de nomes. Utilize a função ÍNDICE para localizar determinado produto.

3.4 Função CORRESP

O CORRESP tem por objetivo retornar a posição relativa de um item em uma matriz que corresponda ao valor especificado.

Sintaxe da função

CORRESP(Valor_procurado; Matriz_procurada ; Tipo_correspondência)

Valor_procurado

Identifica o valor que se deseja procurar.

Matriz_procurada

É o intervalo de células que irá conter os valores possíveis para a procura.

Tipo_correspondência

É um número (0,1,-1) que indica qual valor será retornado.

Exemplo

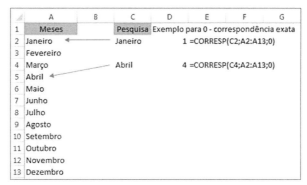

Figura 3.17 - Exemplo da função CORRESP em uma lista de dados.

Na Figura 3.17 encontra-se um exemplo de correspondência exata de pesquisa, ou seja, ao pesquisar o mês de janeiro o seu retorno foi o número 1, sendo ele o primeiro da lista. Para o mês de abril, seu retorno foi o número 4, ou seja, a quarta ocorrência da lista.

Pode-se utilizar a função CORRESP para uma pesquisa aproximada. É preciso colocar no parâmetro tipo_correspondencia igual a 1 - é menor do que. A coluna que irá servir de pesquisa deverá estar em ordem crescente, conforme a Figura 3.18.

Neste caso, o resultado foi o menor número mais próximo da pesquisa, tanto que os valores 4, 4,5 e 4,9 retornaram no valor 4. Dessa forma, o resultado foi arredondado para baixo nos casos 4,5 e 4,9.

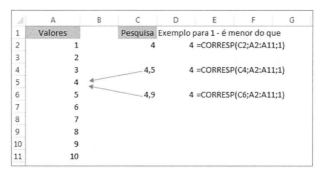

Figura 3.18 - Exemplo da função CORRESP em uma lista de dados.

Ao acompanhar a função CORRESP para uma pesquisa aproximada, coloca-se no parâmetro tipo_correspondencia igual a −1. A coluna que irá servir de pesquisa deverá estar em ordem decrescente, conforme a Figura 3.19.

	A	B	C	D	E	F	G
1	Valores		Pesquisa	Exemplo para -1 - é maior do que			
2	10		4	7	=CORRESP(C2;A2:A11;-1)		
3	9						
4	8		4,5	6	=CORRESP(C4;A2:A11;-1)		
5	7						
6	6		4,9	6	=CORRESP(C6;A2:A11;-1)		
7	5						
8	4						
9	3						
10	2						
11	1						

Figura 3.19 - Exemplo da função CORRESP em uma lista de dados.

Neste caso, o resultado foi arredondado para cima para os valores 4,5 e 4,9.

EXERCÍCIOS PROPOSTOS

1. Crie uma tabela com todos os nomes dos funcionários de sua área. Utilize a função CORRESP para saber em qual linha está o funcionário procurado em sua pesquisa.
2. Desenvolva uma tabela onde, dado um nome, você irá localizar a sua posição e, juntamente com a função ÍNDICE, irá trazer o seu conteúdo.

3.5 Função ESCOLHER

Esta função tem por objetivo escolher um valor a partir de uma lista de valores, com base em um número de índice.

Sintaxe da função

ESCOLHER(Núm_índice; Valor1 ; ValorN .....)

Núm_índice

Indica qual o argumento de valor a ser identificado.

Valor1

Faz parte do conjunto de referências que a função irá escolher (vai de 1 a 254).

Exemplo

	A	B	C	D	E	F
1	Jan	Fev	Mar	Abr	Mai	Jun
2	5	6	7	5	23	56
3						
4						
5	Mar	=ESCOLHER(3;A1;B1;C1;D1;E1;F1)
6		
7	D	=ESCOLHER(4;"A";"B";"C";"D")
8		
9	89	=ESCOLHER(4;12;44;567;89)
10		
11	46	=2*ESCOLHER(5;A2;B2;C2;D2;E2;F2)

Figura 3.20 - Exemplo da função ESCOLHER.

Para analisar:

Célula A5 - seu retorno é Mar, por ser o terceiro elemento da lista.

Célula A7 - seu retorno é D, por ser o quarto elemento da lista.

Célula A9 - seu retorno é 89, por ser o quarto elemento da lista.

Célula A11 - seu retorno é duas vezes o quinto elemento da lista.

EXERCÍCIO PROPOSTO

1. Crie uma lista com os meses do ano e, na data de hoje, descubra o mês correto.

3.6 Função DESLOC

A função DESLOC retorna uma referência a um intervalo que possui um número específico de linhas e colunas.

Sintaxe da função

DESLOC (Ref; Lins; Cols; Altura; Largura)

Ref

Identifica a célula que dará início ao deslocamento.

Lins

Identifica o número de linhas, acima ou abaixo, a ser deslocado.

Cols

Identifica o número de colunas, acima ou abaixo, a ser deslocado.

Altura (Opcional)

Indica quantas linhas de dados devem ser retornadas. Este número deve ser positivo.

Largura (Opcional)

Indica quantas colunas de dados devem ser retornadas. Este número deve ser positivo.

Exemplo

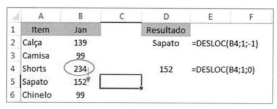

Figura 3.21 - Exemplo da função DESLOC.

Na Figura 3.21, observa-se o resultado Sapato na célula D2, ou seja, com a função DESLOC é informado que a célula B4 será o ponto de partida. Na sequência, deverá descer uma linha e andar uma linha para a esquerda.

Na célula D4, o resultado é 152, ou seja, com a função DESLOC é informado que a célula B4 será o ponto de partida e deverá descer uma linha conforme a Figura 3.22.

Figura 3.22 - Exemplo da função DESLOC para descer uma linha.

EXERCÍCIO PROPOSTO

1. Crie uma tabela anual de preços dos seus produtos e, dado determinado mês, traga o valor correto do produto para aquele mês.

3.7 Função REPT

Esta função tem como objetivo repetir um texto em um determinado número de vezes.

Sintaxe da função

REPT(texto, núm_vezes)

texto

Identifica o texto.

núm_vezes

Identifica o número de vezes da repetição.

Exemplo

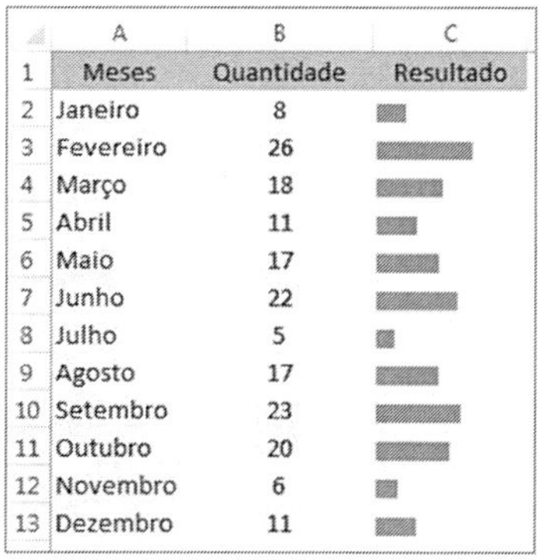

	A	B	C
1	Meses	Quantidade	Resultado
2	Janeiro	8	
3	Fevereiro	26	
4	Março	18	
5	Abril	11	
6	Maio	17	
7	Junho	22	
8	Julho	5	
9	Agosto	17	
10	Setembro	23	
11	Outubro	20	
12	Novembro	6	
13	Dezembro	11	

Figura 3.23 - Exemplo da função REPT.

Na célula C2 é utilizada a seguinte fórmula: =REPT("|";B2), ou seja, repetimos "|" tantas vezes pelo valor numérico informado na célula anterior B2. Ao mudar a fonte para Arial tamanho 8, foi obtido o resultado da Figura 3.23. É preciso lembrar-se de selecionar a célula C2 e arrastá-la até a linha 13 para reproduzir o exemplo apresentado.

Outro exemplo seria utilizar a função com espaços em branco e, ao final, colocar a letra "o" para finalizar a ideia do que desejamos mostrar. Na célula C2 usa-se =REPT(" ";B2)&"o".

	A	B	C
1	Dias	Quantidade	Resultado
2	01/09/2014	25	o
3	02/09/2014	22	o
4	03/09/2014	20	o
5	04/09/2014	15	o
6	05/09/2014	22	o
7	06/09/2014	24	o
8	07/09/2014	24	o
9	08/09/2014	15	o
10	09/09/2014	16	o
11	10/09/2014	20	o
12	11/09/2014	18	o
13	12/09/2014	16	o

Figura 3.24 - Exemplo da função REPT utilizando a letra o.

Ao mudar apenas para um pequeno traço em C2 =REPT("-";B2)&"o", tem-se o resultado da Figura 3.25.

	A	B	C
1	Dias	Quantidade	Resultado
2	01/09/2014	25	-------------------o
3	02/09/2014	22	------------------o
4	03/09/2014	20	----------------o
5	04/09/2014	15	-----------o
6	05/09/2014	22	------------------o
7	06/09/2014	24	--------------------o
8	07/09/2014	24	--------------------o
9	08/09/2014	15	-----------o
10	09/09/2014	16	------------o
11	10/09/2014	20	----------------o
12	11/09/2014	18	--------------o
13	12/09/2014	16	------------o

Figura 3.25 - Exemplo da função REPT utilizando traço e letra o.

Seguindo esta mesma linha de raciocínio, na Figura 3.26 é possível observar a sua utilização para valores positivos e negativos.

	A	B	C	D
1	Dias	Quantidade	Resultado	
2	01/09/2014	15		▬▬
3	02/09/2014	18		▬▬▬
4	03/09/2014	20		▬▬▬
5	04/09/2014	-12	▬▬	
6	05/09/2014	-16	▬▬▬	
7	06/09/2014	24		▬▬▬▬
8	07/09/2014	-10	▬▬	
9	08/09/2014	15		▬▬
10	09/09/2014	16		▬▬
11	10/09/2014	-19	▬▬▬	
12	11/09/2014	18		▬▬▬
13	12/09/2014	16		▬▬

Figura 3.26 - Exemplo da função REPT para valores positivos e negativos.

Na célula C2 é apresentada a seguinte fórmula: =SE(B2<0;REPT("|";ABS(B2));""), ou seja, é utilizada a função SE para os casos com valores negativos e também a função

ABS para deixar o valor como absoluto, ou seja, com o valor positivo. Muda-se o alinhamento para a direita e deixa-se a sua fonte na cor vermelha.

Já na célula D2 aparece a seguinte fórmula: =SE(B2>0;REPT("|";B2);""), ou seja, é utilizada a função SE para os casos com valores positivos apenas, e muda-se o alinhamento para a esquerda deixando a fonte na cor preta.

E, para finalizar, coloca-se um traço pontilhado como borda esquerda da coluna D.

EXERCÍCIOS PROPOSTOS

1. Crie uma tabela com a quantidade diária de acessos ao seu site no último mês e identifique, apenas visualmente, o melhor e o pior dia de acesso.
2. Desenvolva uma tabela com o nome de seus vendedores na coluna A e, nas outras colunas, coloque o nome dos meses e as respectivas vendas de cada vendedor. Ao lado de cada coluna, crie com a função REPT um minigráfico para indicar os seus melhores vendedores.

3.8 Função INDIRETO

O objetivo desta função é transformar o valor de um texto em uma referência a uma célula.

Sintaxe da função

INDIRETO(Texto_ref; A1)

Texto_ref

É uma referência a uma célula.

A1

É um valor lógico que especifica o tipo de referência.

Exemplo

Criou-se uma pequena tabela na qual foi selecionado o intervalo de B2 a B7 e deu-se o nome a este intervalo de "Janeiro", conforme Figura 3.27.

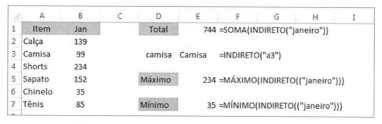

Figura 3.27 - Exemplo da função INDIRETO.

Na célula E1 é utilizada a função INDIRETO com a função SOMA, ou seja, faz-se referência à função INDIRETO com a referência Janeiro, sendo este o intervalo de B2 a B7 e, como resultado, a soma de todos estes valores.

Pode-se também utilizar a função INDIRETO passando apenas o endereço, como na célula D3, na qual é informado apenas "A3" e o resultado foi o seu conteúdo.

Na célula E5 é utilizada a função INDIRETO com a função MÁXIMO e na célula E7 com a função MÍNIMO, ambas trabalhando com a referência Janeiro (células de B2 a B7).

EXERCÍCIOS PROPOSTOS

1. Utilize a tabela criada no Capítulo 2 com a função INDIRETO para saber o valor do dólar do dia.
2. Crie um intervalo de dados com valores numéricos e mostre a soma e a média desse intervalo utilizando a função INDIRETO.

3.9 Função TEXTO

A função TEXTO é utilizada para converter um valor em texto.

Sintaxe da função

TEXTO(valor, formato_texto)

valor

Identifica qual será o valor numérico ou a referência a uma célula.

formato_texto

Identifica o formato de número na forma de texto.

Exemplo

	A	B	C
1	Valor	Resultado	
2	5	005	=TEXTO(A2;"000")
3			
4	10	010	=TEXTO(A4;"000")
5			
6	132	132	=TEXTO(A6;"000")
7			
8	(3)	-003	=TEXTO(A8;"000")
9			
10	2,35	002	=TEXTO(A10;"000")
11			
12	CASA	CASA	=TEXTO(A12;"000")
13			
14	OI	OI	=TEXTO(A14;"000")

Figura 3.28 - Exemplo da função TEXTO.

Mostrando apenas duas casas decimais.

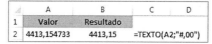

Figura 3.29 - Exemplo da função TEXTO para mostrar duas casas decimais.

EXERCÍCIOS PROPOSTOS

1. Crie uma tabela de código de produto e utilize a função TEXTO para deixar todos os códigos com o mesmo número de caracteres.
2. Personalize uma célula. Clique com o botão direito do mouse em formatar célula e veja o que está descrito na guia número no item Personalizado. Utilize a mesma personalização na função TEXTO e veja o resultado.

3.10 Função SOMASES

O objetivo desta função é o retorno da soma dos valores conforme um critério especificado.

Sintaxe da função

SOMASES(Intervalo_soma;Intervalocritérios1;Critérios1........)

Intervalo_soma

Identifica o intervalo de células que deverão ser somadas.

Intervalocritérios1

Identifica o intervalo de células que se deseja avaliar com a condição dada.

Critérios1

Identifica a condição ou os critérios a serem validados com o intervalo dado.

Exemplo

Figura 3.30 - Exemplo da função SOMASES.

A célula F2 apresenta a seguinte fórmula.

=SOMASES(C2:C5;A2:A5;"SP";B2:B5;"Maria")

Esta fórmula pode ser traduzida como:

A soma dos valores de C2 a C5, desde que o intervalo de A2 a A5 tenha o conteúdo SP e o intervalo de B2 a B5 tenha o conteúdo Maria.

EXERCÍCIO PROPOSTO

1. Acrescente no exercício descrito anteriormente uma coluna com o nome da área onde cada pessoa trabalha e acrescente mais um parâmetro na função SOMASES. Observe o seu resultado.

3.11 Função ALEATÓRIOENTRE

O objetivo desta função é o de retornar números aleatórios dentro de um intervalo de números especificados.

Sintaxe da função

ALEATÓRIOENTRE(Inferior;Superior)

Inferior

É o menor número inteiro que a função irá retornar.

Superior

É o maior número inteiro que a função irá retornar.

Exemplo

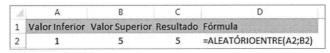

Figura 3.31 – Exemplo da função ALEATÓRIOENTRE.

EXERCÍCIO PROPOSTO

1. Vamos supor que você ganhou um brinde e deseja sorteá-lo entre seus funcionários. Na coluna A, digite o nome de todos os seus funcionários. Na coluna B, coloque um sequencial. Com a função ALEATÓRIOENTRE, coloque como limite inferior o primeiro número e o último como limite superior. Rode essa função e ela irá mostrar determinado número desse intervalo, que será o ganhador do prêmio.

3.12 Função SEERRO

O objetivo desta função é o de retornar um valor especificado se a função der algum erro, caso contrário retorna o valor da expressão.

Sintaxe da função

SEERRO(Valor; Valor_se_erro)

Valor

É qualquer valor, expressão ou referência.

Valor_se_erro

É qualquer valor, expressão ou referência.

Exemplo

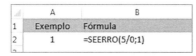

Figura 3.32 - Exemplo da função SEERRO.

Não existe a divisão de 5 por zero; logo a função retornou o valor 1.

EXERCÍCIO PROPOSTO

1. Utilize algum relatório diário que você já tenha e utilize a função SEERRO. Porém, em vez de mostrar um erro, mostre apenas a célula em branco.

capítulo 4

Uso do Botão Câmera

O objetivo deste capítulo é apresentar a utilização do botão **Câmera**. Ele é muito útil para a comparação de valores ou na criação de dashboards, uma vez que na imagem não é possível alterar valores. Ele viabiliza a criação de diversos efeitos para a apresentação e ainda permite redimensionar o tamanho.

4.1 Botão câmera

O botão câmera é um recurso que nos permite, literalmente, tirar uma foto de um intervalo de dados de uma planilha, no qual podem ser criados diversos efeitos deste resultado e, assim, impedir que algum usuário da planilha possa alterar os dados.

A barra de ferramentas pode ser personalizada conforme a utilização dos comandos que se deseja. Nela é possível colocar os comandos mais utilizados como atalho.

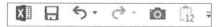

Figura 4.1 - Exemplo da barra de ferramentas de acesso rápido.

Para acrescentar o botão câmera na barra de tarefas é preciso entrar no **Menu Arquivo**; em opções, escolher **Barra de ferramentas de acesso rápido**, clicar em **Câmera**, depois em **Adicionar** e **Confirmar**. Conforme a sequência na Figura 4.2.

Figura 4.2 - Caminho para criar o botão câmera na barra de ferramentas.

Exemplo

Abrir uma planilha e na Plan1 montar uma tabela conforme a Figura 4.3.

Figura 4.3 - Exemplo para utilizar o Botão Câmera.

Clicar na célula C3 e nomear a célula como desconto na caixa de nomes.

Na Plan2 montar uma tabela conforma a Figura 4.4. Na célula F4, colocar a seguinte fórmula: =D4*desconto e na célula H4 colocar =D4-F4. Arrastar até completar a tabela na linha 8. Lembrar-se de que desconto foi o nome dado à célula D3 da Plan1.

Figura 4.4 - Exemplo do preenchimento da tabela.

É preciso notar que a tabela tem seu início na linha 3 e entre as colunas deu-se um espaço. Isso foi feito para dar um melhor destaque ao final deste processo.

Selecionar o intervalo de A2 a I9, conforme a Figura 4.5.

Figura 4.5 - Selecionando intervalo.

Clicar no botão câmera e clicar dentro da Plan1 de modo que se obtenha um resultado igual à Figura 4.6.

Figura 4.6 - Copiar e colar intervalo selecionado.

Ao clicar na figura, na parte superior será apresentado o **Menu Ferramentas de imagem**, conforme a Figura 4.7.

Figura 4.7 - Barra de ferramentas de imagem.

No exemplo da Figura 4.8, foi escolhida a opção **Retângulo** com sombra projetada.

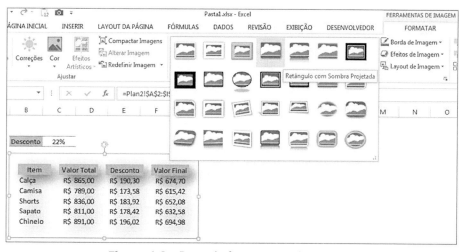

Figura 4.8 - Barra de ferramentas de imagem.

Dessa forma, é possível realizar testes mudando o valor percentual. Todos os valores deverão ser alterados e a referência original, montada na Plan2, permanecerá intacta, sem que seja possível alterar o que foi planejado.

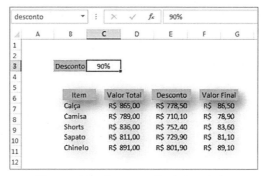

Figura 4.9 - Imagem final da tabela.

Na Figura 4.10, podem ser utilizados diversos efeitos, como: alteração de borda, sombra dentre outros.

Figura 4.10 - Imagem final da tabela.

EXERCÍCIOS PROPOSTOS

1. Faça um teste com o botão câmera mostrando dados de um mês contra o mês anterior e veja como fica fácil a conferência de valores.
2. Crie uma tabela e utilize a criatividade para tornar sua apresentação diferente e interessante.

capítulo 5

Proteção com o Recurso VBA e Caixa de Controle de Formulário

O objetivo deste capítulo é apresentar uma forma de proteção de planilha para que o usuário não tenha acesso a não ser na célula A1. Se os dados forem criados a partir da linha 30 ou 40, ficarão protegidos.

Em seguida, uma breve descrição da habilitação da Guia Desenvolvedor e suas principais funções.

5.1 Proteção com o recurso VBA

Uma planilha, para ser protegida, não precisa, necessariamente, possuir uma senha. Os dados podem ser protegidos da alteração de terceiros sem senha e essa é a funcionalidade da proteção com o recurso VBA.

Para realizar esta operação, é preciso abrir a planilha, pressionar ALT + F11. Dessa forma, entra-se no modo de programação do VBA (*Visual Basic for Applications*), conforme a Figura 5.1.

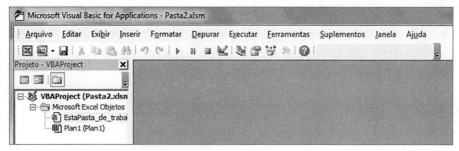

Figura 5.1 - Tela inicial do VBA.

É possível realizar uma programação para cada pasta (plan1, plan2, plan3); neste caso, será colocado o código na pasta EstaPasta_de_trabalho.

Dar um duplo clique em EstaPasta_de_trabalho e obter o mesmo cenário da Figura 5.2.

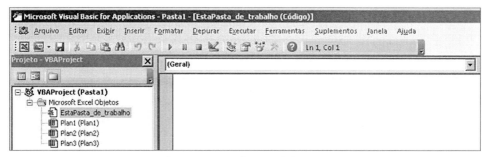

Figura 5.2 - Tela inicial do VBA.

Selecionar a opção Workbook, conforme a Figura 5.3.

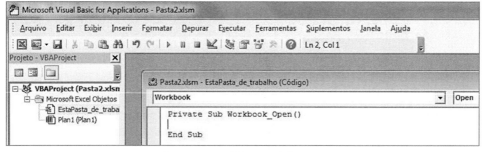

Figura 5.3 - Tela inicial do VBA.

Digitar: ActiveWorkbook.ActiveSheet.ScrollArea = "a1:a1", conforme a Figura 5.4.

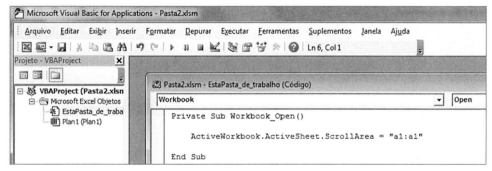

Figura 5.4 - Tela inicial do VBA.

Clicar no símbolo do Excel na parte superior esquerda para retornar para a planilha.

Deixar a Plan1 selecionada.

Salvar a planilha com a extensão xlsm (de macro).

Fechar a planilha e abri-la novamente.

Notar que a única célula que poderá ser alterada será a A1.

Para destravar (voltar atrás), pressionar ALT + F11, duplo clique em EstaPasta_de_trabalho e apagar a linha que foi escrita.

EXERCÍCIO PROPOSTO

1. Surpreenda seus colegas de trabalho: abra uma planilha e refaça o exemplo acima. Com certeza ficarão surpresos com o seu exemplo.

5.2 Caixa de controle de formulário

A caixa de controle de formulário é muito útil para a realização de gráficos dinâmicos ou a interação com seus dados.

Para ativar a caixa, é preciso habilitar o **Menu Desenvolvedor**.

No **Menu**, clicar em **Arquivo**, em seguida, em **Opções** e, em **Personalizar faixa de opções**, habilitar a guia **Desenvolvedor**.

Figura 5.5 - Caminho para habilitação da guia Desenvolvedor.

O Menu deverá ter a mesma faixa, conforme a Figura 5.6.

Figura 5.6 - Tela principal do Excel.

Ao clicar na Guia Desenvolvedor, a caixa Controle de Formulário irá aparecer assim que Inserir for acionado, conforme Figura 5.7.

Os controles de formulário servem para serem utilizados nas pastas, conforme será visto a seguir. Já os Controles ActiveX servem para trabalhar com a parte de desenvolvimento em VBA.

Figura 5.7 - Guia Desenvolvedor.

Abaixo serão apresentados alguns exemplos básicos para o uso dos controles de formulário.

- **Botão:** também chamado de botão de ação, serve para disparar uma macro.

Figura 5.8 - Guia Desenvolvedor - Botão.

- **Caixa de combinação:** cria uma caixa de listagem suspensa. Requer que o usuário clique na seta para escolher o item desejado. O controle irá exibir o valor atual da seleção.

Figura 5.9 - Guia Desenvolvedor - Caixa de combinação.

- **Caixa de seleção:** ativa ou desativa uma opção escolhida. Mais de uma opção pode ser escolhida neste tipo de controle.

Figura 5.10 - Guia Desenvolvedor - Caixa de seleção.

- **Botão de rotação:** aumenta ou diminui um valor, com acréscimo de um determinado valor.

Figura 5.11 - Guia Desenvolvedor - Botão de rotação.

- **Caixa de listagem:** exibe uma lista de um ou mais itens de texto.

Figura 5.12 - Guia Desenvolvedor - Caixa de listagem.

- **Botão de opção:** permite a escolha de apenas uma opção de um conjunto de opções.

Figura 5.13 - Guia Desenvolvedor - Botão de opção.

- **Caixa de grupo:** são controles relacionados a um grupo de controles. Por exemplo: botão de ação.

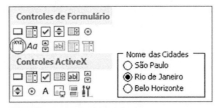

Figura 5.14 - Guia Desenvolvedor - Caixa de grupo.

- **Rótulo:** serve para exibir um texto descritivo ou uma caixa de texto.

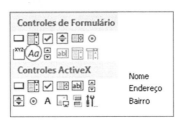

Figura 5.15 - Guia Desenvolvedor - Rótulo.

- **Barra de rolagem:** percorre um intervalo de valores.

Figura 5.16 - Guia Desenvolvedor - Barra de rolagem.

Gráficos

O objetivo deste capítulo é a criação de diversos gráficos utilizando os comandos da Guia Desenvolvedor, especificamente no item controles de formulário.

6.1 Gráfico de colunas com escolha no botão de opção

Para criar um gráfico de colunas, estabelecem-se valores para seis meses e três regiões: São Paulo, Rio de Janeiro e Belo Horizonte. O gráfico terá movimento conforme a escolha da região. Ao final deste item, o objetivo é alcançar este painel informativo, conforme a Figura 6.1.

Para a criação deste tipo de relatório faz-se necessário sempre um resumo de todos os dados. Dessa maneira, ficará muito fácil o uso do Excel para a criação de gráficos dinâmicos.

O resumo destes dados deverão chegar ao ponto de uma linha por tipo de dado, sem repetição, para criar este resumo:

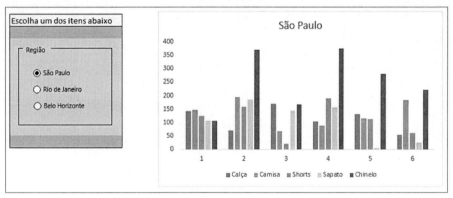

Figura 6.1 - Gráfico de colunas com escolha no botão de opção.

Abrir uma planilha e na Plan2 e criar uma tabela igual à da Figura 6.2.

Nesta pasta (plan2) estarão alguns itens: Calça, Camisa, Shorts, Sapato e Chinelo, distribuídos em um período semestral, compreendidos por três Estados: São Paulo, Rio de Janeiro e Belo Horizonte.

	A	B	C	D	E	F	G	H
1	Item	Região	Jan	Fev	Mar	Abr	Mai	Jun
2	Chinelo	SP	35	171	13	176	148	68
3	Camisa	RJ	60	95	14	16	93	122
4	Shorts	BH	89	198	132	146	43	181
5	Calça	SP	142	70	169	103	131	54
6	Camisa	RJ	49	150	155	190	171	113
7	Shorts	RJ	139	72	35	65	60	124
8	Camisa	BH	160	138	190	197	33	62
9	Shorts	SP	125	158	20	190	114	61
10	Sapato	RJ	43	139	180	43	189	21
11	Shorts	RJ	38	178	134	168	29	51
12	Camisa	SP	146	195	69	88	115	184
13	Shorts	RJ	187	44	108	32	31	150
14	Sapato	RJ	53	182	25	50	34	175
15	Sapato	BH	80	149	135	89	168	195
16	Chinelo	BH	171	8	71	100	94	56
17	Shorts	RJ	80	70	200	50	86	94
18	Chinelo	SP	72	200	154	199	133	153
19	Shorts	RJ	29	150	168	183	28	176
20	Sapato	BH	8	98	195	5	184	160
21	Chinelo	RJ	197	46	105	33	179	162
22	Calça	RJ	111	30	42	75	108	45
23	Sapato	SP	106	186	144	156	5	24
24	Calça	BH	197	58	184	166	82	141

Figura 6.2 - Base de dados para a criação do relatório.

Ainda na pasta Plan2, é preciso montar o resumo do que será escolhido no botão de opção da pasta Plan1, conforme a Figura 6.3.

Na pasta Plan2, na célula K1 digitar 1. Esta célula será o retorno da escolha da opção que será colocada na pasta Plan1, conforme Figura 6.4.

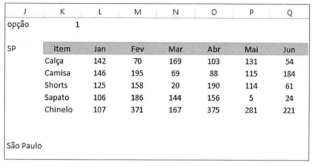

Figura 6.3 - Plan2 - Resumo dos dados.

Figura 6.4 - Caixa para escolha dos itens.

Na célula J3, digitar a fórmula:

=SE(Plan2!K1=1;"SP";SE(Plan2!K1=2;"RJ";"BH"))

Conforme a opção escolhida, nesta célula será apresentado o Estado desejado.

Montar o mesmo cabeçalho da tabela inicial, conforme Figura 6.5.

Figura 6.5 - Cabeçalho do resumo.

Nas células de K4 a K8, digitar os itens, conforme Figura 6.6.

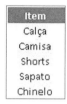

Figura 6.6 - Itens distintos.

Gráficos 61

Na célula L4, digitar: =SOMASES(C:C;$B:$B;$J$3;$A:$A;$K4)

Arrastar esta fórmula até a célula Q4 e depois arrastar este intervalo até a linha 8.

Na célula J11, digitar:

=SE(Plan2!K1=1;"São Paulo";SE(Plan2!K1=2;"Rio de Janeiro";"Belo Horizonte"))

Com isso, você deverá obter o resultado conforme a Figura 6.7.

	A	B	C	D	E	F	G	H	I	J	K	L	M	N	O	P	Q
1	Item	Região	Jan	Fev	Mar	Abr	Mai	Jun		opção	1						
2	Chinelo	SP	35	171	13	176	148	68									
3	Camisa	RJ	60	95	14	16	93	122		SP		Item| Jan	Fev	Mar	Abr	Mai	Jun
4	Shorts	BH	89	198	132	146	43	181				Calça	142	70	169	103	131	54
5	Calça	SP	142	70	169	103	131	54				Camisa	146	195	69	88	115	184
6	Camisa	RJ	49	150	155	190	171	113				Shorts	125	158	20	190	114	61
7	Shorts	RJ	139	72	35	65	60	124				Sapato	106	186	144	156	5	24
8	Camisa	BH	160	138	190	197	33	62				Chinelo	107	371	167	375	281	221
9	Shorts	SP	125	158	20	190	114	61									
10	Sapato	RJ	43	139	180	43	189	21									
11	Shorts	RJ	38	178	134	168	29	51		São Paulo							
12	Camisa	SP	146	195	69	88	115	184									
13	Shorts	RJ	187	44	108	32	31	150									
14	Sapato	RJ	53	182	25	50	34	175									
15	Sapato	BH	80	149	135	89	168	195									
16	Chinelo	BH	171	8	71	100	94	56									
17	Shorts	RJ	80	70	200	50	86	94									
18	Chinelo	SP	72	200	154	199	133	153									
19	Shorts	RJ	29	150	168	183	28	176									
20	Sapato	BH	8	98	195	5	184	160									
21	Chinelo	RJ	197	46	105	33	179	162									
22	Calça	RJ	111	30	42	75	108	45									
23	Sapato	SP	106	186	144	156	5	24									
24	Calça	BH	197	58	184	166	82	141									

Figura 6.7 - Base de dados e resumo dos dados.

Para montar a pasta Plan1:

Criar um desenho igual ao quadrado da Figura 6.8.

Figura 6.8 - Controle de formulário - Caixa de opção.

Para montar a caixa de grupo, entrar no **Menu Desenvolvedor**, no item **Inserir**, e escolher a opção **Caixa de grupo**, conforme Figura 6.9.

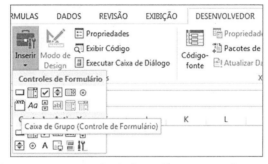

Figura 6.9 - Controle de formulário - Caixa de grupo.

Criar três botões de opção. É importante criar o primeiro e copiar e colar os outros dois. Vamos criar o primeiro e, na sequência, copiar e colar os outros dois, mudando apenas o texto inicial.

Entrar no **Menu Desenvolvedor**, no item **Inserir**, e escolher a opção **Botão de opção**, conforme a Figura 6.10. Em seguida, coloque-o dentro da caixa de grupo.

Figura 6.10 - Controle de formulário - Botão de opção.

Clicar com o botão direito do mouse sobre o controle que foi criado e escolher a opção **Formatar Controle** e preencher, conforme a Figura 6.11. Clicar novamente com o botão direito no centro do texto e alterar o texto para São Paulo.

Refazer este procedimento para os outros dois botões.

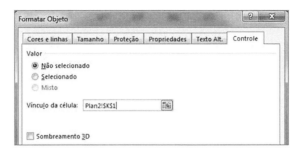

Figura 6.11 - Formatar controle.

Para criar o gráfico:

Na pasta Plan2, selecionar as células de K3 a Q8. No **Menu**, clicar em **Inserir**, **Gráfico de colunas 2D** (primeira opção), conforme a Figura 6.12.

Figura 6.12 - Inserindo Gráfico.

Clicar no gráfico com o botão direito do mouse e escolher a opção mover gráfico, movendo-o para a pasta Plan1.

Ao clicar no gráfico, notar que na parte superior será apresentado o menu **Ferramentas de gráfico**, conforme a Figura 6.13.

Figura 6.13 - Menu Ferramentas de gráfico.

Clicar em Design e escolher o Estilo 1, conforme a Figura 6.14.

Figura 6.14 - Estilo de gráfico.

Retirar as linhas de grade.

Clicar sobre o título do gráfico para selecioná-lo. Com ele selecionado, clicar em *f*(x) e digitar =Plan2!$J$11, conforme a Figura 6.15.

Figura 6.15 - Alterando título do gráfico.

O resultado deverá ser o apresentado na Figura 6.16.

Para finalizar, recomenda-se testar o projeto.

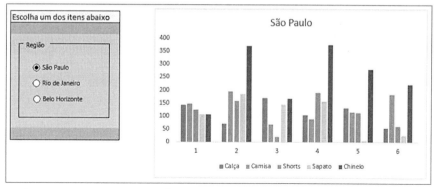

Figura 6.16 - Modelo de gráfico de colunas com escolha no botão de opção.

EXERCÍCIOS PROPOSTOS

1. Crie um novo relatório aumentando o número de opções por regiões.
2. Desenvolva outro relatório que, em vez de mostrar os itens no gráfico, os tornem opções de escolha. No gráfico, devem aparecer as regiões (assim você poderá saber qual é a melhor região de acordo com o item).

6.2 Gráfico de termômetro com caixa de combinação e caixa de listagem

Agora o objetivo é criar um painel para mostrar a venda de três itens: Sorvete de Abacaxi, Limão e Uva, para as regiões de Belo Horizonte, Santa Catarina, Rio de Janeiro e São Paulo.

O termômetro irá mostrar como andam as vendas dos sorvetes para cada região e o quadro do painel maior mostrará um gráfico com a opção da escolha de uma região comparada a outra. Para este exemplo, todos os sorvetes têm meta de vendas na quantidade de 50 unidades.

Ao final deste item, deverá ser alcançado este painel informativo, conforme a Figura 6.17.

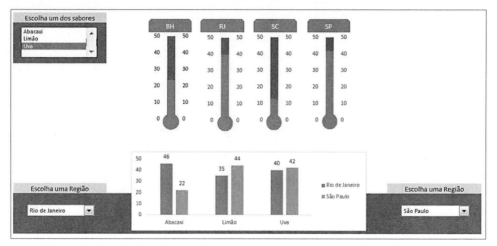

Figura 6.17 - Gráfico de termômetro com caixa de combinação e de listagem.

Para começar a montar a pasta Plan2, é preciso criar uma tabela, conforme a Figura 6.18.

	A	B	C
1	Sorvete	Região	Vendas
2	Limão	Belo Horizonte	45
3	Limão	Rio de Janeiro	35
4	Limão	Santa Catarina	24
5	Limão	São Paulo	44
6	Abacaxi	Belo Horizonte	36
7	Abacaxi	Rio de Janeiro	46
8	Abacaxi	Santa Catarina	44
9	Abacaxi	São Paulo	22
10	Uva	Belo Horizonte	24
11	Uva	Rio de Janeiro	40
12	Uva	Santa Catarina	13
13	Uva	São Paulo	42

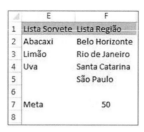

Figura 6.18 - Plan2 - Base de dados.

É preciso também montar uma lista individual de cada tópico que será trabalhado.

	E	F
1	Lista Sorvete	Lista Região
2	Abacaxi	Belo Horizonte
3	Limão	Rio de Janeiro
4	Uva	Santa Catarina
5		São Paulo
6		
7	Meta	50
8		

Figura 6.19 - Plan2 - Lista individual.

Selecionar as células de E2 a E4 e, na caixa de nomes, dar o nome de lista_sorvete.

Selecionar as células de F2 a F5 e, na caixa de nomes, dar o nome de lista_regiao.

Na célula F7, digitar 50, que será a nossa meta de vendas para todos os tipos de sorvete.

Agora é preciso montar a parte para adequar os dados da planilha, para facilitar na leitura do painel. Ao finalizar, você irá obter os dados, conforme a Figura 6.20.

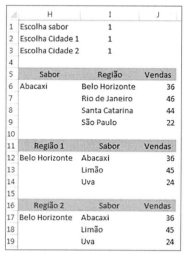

Figura 6.20 - Dados resumidos.

Nas células I1, I2 e I3, digitar o valor 1. Estas células irão servir para colocar os resultados das escolhas do painel.

Na célula H6, digitar =ÍNDICE(lista_sorvete;I1)

Nas células de I6 a I9, digitar as regiões conforme a ordem da lista que montamos na coluna F.

Na célula J6, digitar =SOMASES($C$2:$C$13;$B$2:$B$13;I6;$A$2:A$13;H$6)

Arrastar a fórmula até a linha 9.

Na célula H12, digitar =ÍNDICE(lista_regiao;I2)

Na célula I12, I13 e I14, digitar os sabores conforme a ordem da lista que foi montada na coluna E.

Na célula J12, digitar =SOMASES($C$2:$C$13;$B$2:$B$13;$H$12;$A$2:A$13;I12)

Arrastar a fórmula até a linha 14.

Na célula H17, digitar =ÍNDICE(lista_regiao;I3)

Na célula I17, I18 e I19, digitar os sabores conforme a ordem da lista que foi montada na coluna E.

Na célula J17, digitar =SOMASES($C$2:$C$13;$B$2:$B$13;$H$17;$A$2:A$13;I17)

Arrastar a fórmula até a linha 19.

Para montar a pasta Plan1:

Criar os dados conforme a Figura 6.21.

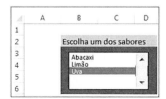

Figura 6.21 - Caixa de listagem.

Para montar a caixa de listagem, entrar no **Menu Desenvolvedor**, no item **Inserir** e escolher a opção **Caixa de listagem**, conforme a Figura 6.22.

Figura 6.22 - Caixa de listagem.

Clicar com o botão direito do mouse na caixa que foi montada e escolher a opção **Formatar Controle** e preencher, conforme a Figura 6.23. Deixar selecionada a primeira opção, Abacaxi.

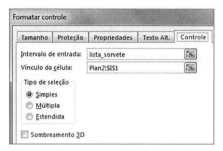

Figura 6.23 - Caixa de listagem - formatar controle.

Para montar os termômetros, observar a Figura 6.24.

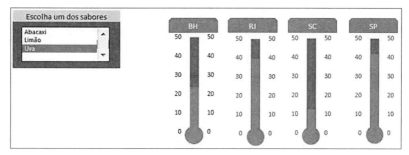

Figura 6.24 - Gráfico de termômetro com caixa de listagem.

Para montar a caixa na parte superior do termômetro com o nome de cada região, entrar no **Menu**, **Inserir**, **Formas** e escolher a opção **Retângulo com canto aparado do mesmo lado**, conforme a Figura 6.25.

Figura 6.25 - Menu, Inserir, Formas.

Para montar a parte redonda que está na base de cada termômetro, entrar no **Menu**, **Inserir formas** e escolher a opção **Elipse**, conforme a Figura 6.26.

Figura 6.26 - Formas - Elipse.

Para montar os termômetros:

No **Menu**, **Inserir**, escolher o **Gráfico de colunas**, **Colunas empilhadas** (segunda opção).

Clicar com o botão direito do mouse sobre o gráfico e escolher a opção **Selecionar dados**.

Todos os termômetros serão compostos por duas séries de dados.

Adicionar a primeira série e preencher conforme a Figura 6.27.

Figura 6.27 - Primeira série.

Adicionar a segunda série e preencher conforme a Figura 6.28.

Figura 6.28 - Segunda série.

Retirar os rótulos à direita e abaixo e as linhas de grade ao centro.

Figura 6.29 - Gráfico de colunas empilhadas.

Clicar na primeira série (azul – Eixo X) com o botão direito do mouse e alterar a opção **Formatar séries de dados**:

Em **Opções de série**, alterar conforme a Figura 6.30.

Figura 6.30 - Formatar Séries de Dados.

Em **Preenchimento**, alterar preenchimento sólido para a cor vermelha.

Clicar no Eixo do lado esquerdo (Eixo Y) e alterar conforme a Figura 6.31.

Clicar em fechar.

Clicar com o botão direito do mouse na segunda série e alterar a opção **Formatar Séries de Dados**:

Em **Opções de série**, alterar conforme a Figura 6.32.

Figura 6.31 - Formatar Eixo.

Figura 6.32 - Formatar Ponto de Dados.

Em **Preenchimento**, alterar preenchimento sólido para a cor verde.

Clicar no Eixo do lado direito e alterar conforme a Figura 6.33.

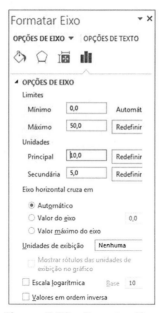

Figura 6.33 - Formatar Eixo.

Clicar em fechar.

Alterar o tamanho para a forma desejada.

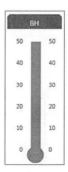

Figura 6.34 - Gráfico de termômetro.

Clicar com o botão direito na borda do gráfico e escolher a opção **Formatar área do gráfico**, em **Preenchimento**, selecionar o item sem preenchimento, e em borda selecionar Sem linha.

Os outros termômetros deverão seguir o mesmo procedimento.

A seguir, é possível observar as séries de cada um dos termômetros.

Para o segundo gráfico de termômetro, criar a primeira série conforme a Figura 6.35.

Figura 6.35 - Primeira série do terceiro gráfico.

Para o segundo gráfico de termômetro, criar a segunda série conforme a Figura 6.36.

Figura 6.36 - Segunda série do terceiro gráfico.

Para o terceiro gráfico de termômetro, criar a primeira série conforme a Figura 6.37.

Figura 6.37 - Primeira série do segundo gráfico.

Para o terceiro gráfico de termômetro, criar a segunda série conforme a Figura 6.38.

Figura 6.38 - Segunda série do segundo gráfico.

Para o quarto gráfico de termômetro, criar a primeira série, conforme a Figura 6.39.

Figura 6.39 - Primeira série do quarto gráfico.

Para o quarto gráfico de termômetro, criar a segunda série, conforme a Figura 6.40.

Figura 6.40 - Segunda série do quarto gráfico.

Ao terminar esta etapa, o modelo deverá ser o seguinte, conforme a Figura 6.41:

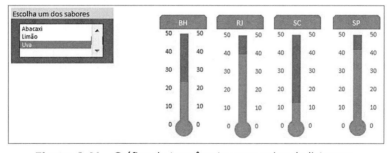

Figura 6.41 - Gráfico de termômetro com caixa de listagem.

Agora o objetivo é montar a parte final com um gráfico de barras com caixa de combinação, conforme a Figura 6.42.

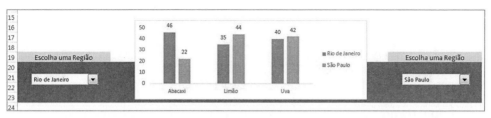

Figura 6.42 - Gráfico de termômetro com caixa de combinação e de listagem.

Agora, para montar as duas caixas de combinação, é necessário:

Criar um desenho igual ao quadrado da Figura 6.43.

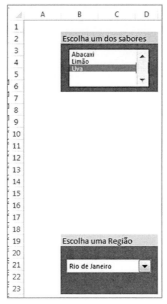

Figura 6.43 - Gráfico de termômetro com caixa de combinação e de listagem.

Para montar a caixa de combinação, entrar no **Menu Desenvolvedor**, no item **Inserir** e escolher a opção **Caixa de combinação**, conforme a Figura 6.44.

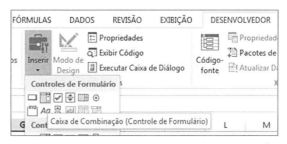

Figura 6.44 - Inserindo uma caixa de combinação.

Sugere-se iniciar pela caixa do lado esquerdo.

Clicar com o botão direito do mouse na caixa que foi montada, escolher a opção **Formatar controle** e preencher, conforme a Figura 6.45.

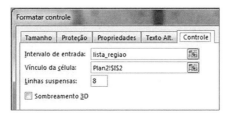

Figura 6.45 - Caixa de combinação - formatar controle - lado esquerdo.

Fazer o mesmo processo para a outra caixa de combinação do lado direito, conforme a Figura 6.46.

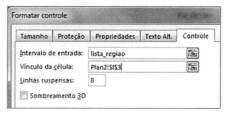

Figura 6.46 - Caixa de combinação - formatar controle - lado direito.

Para inserir um gráfico, no **Menu**, **Inserir**, **Gráficos**, **Colunas**, **Colunas 2D** (a primeira opção), conforme Figura 6.47.

Figura 6.47- Inserindo gráfico de colunas.

Clicar com o botão direito do mouse sobre o gráfico e escolher a opção **Selecionar dados**.

Criar a primeira série conforme a Figura 6.48.

Figura 6.48 - Gráfico de barras - primeira série.

Criar a segunda série conforme a Figura 6.49.

Figura 6.49 - Gráfico de barras - segunda série.

Ao lado direito da criação das séries, clicar em **Rótulos de eixo horizontal** e preencher, conforme a Figura 6.50.

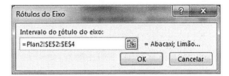

Figura 6.50 - Preenchimento do eixo horizontal.

Preencher as células da parte detrás do gráfico com a cor azul clara.

Retirar as linhas de grade do gráfico.

Acrescentar a legenda e rótulo de dados.

O resultado será obtido conforme a Figura 6.51.

Para concluir, recomenda-se testar o projeto.

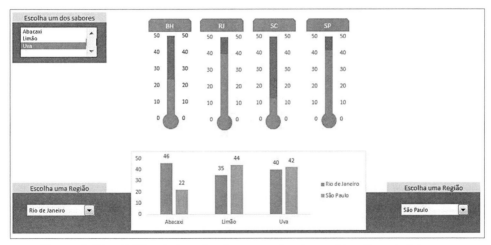

Figura 6.51 - Gráfico de termômetro com caixa de combinação e de listagem.

EXERCÍCIO PROPOSTO

1. Crie um novo relatório mudando a forma de mostrar seu termômetro. Para isso, utilize o gráfico de Colunas 100% Empilhadas. Mostre os valores em percentuais. Divida a quantidade vendida por região pela meta a ser atingida. Esta poderá ser a parte inferior de seu termômetro (cor vermelha) e a parte superior poderá ser a diferença de quanto falta para atingir 100%.

6.3 Gráfico de medição por período com Caixa de Seleção

A ideia aqui é criar um gráfico para analisar as visitas em um site nos períodos: manhã, tarde e noite. Junto à caixa de seleção, é possível verificar o comportamento deste gráfico por qualquer combinação dos períodos.

Ao final deste item, o painel informativo deve ser o representado na Figura 6.52.

Figura 6.52 - Gráfico de linhas com Caixa de Seleção.

Para montar a pasta Plan2, é preciso criar uma tabela conforme a Figura 6.53.

	A	B	C	D	E	F	G
1	Data	Período	Nova Qtde	Qtde Visitas		Check1	FALSO
2	18/02/2014	Manhã		100		Check2	FALSO
3		Tarde		150		Check3	VERDADEIRO
4		Noite	170	170			
5	19/02/2014	Manhã		50			
6		Tarde		51			
7		Noite	33	33			
8	20/02/2014	Manhã		120			
9		Tarde		140			
10		Noite	98	98			
11	21/02/2014	Manhã		135			
12		Tarde		100			
13		Noite	210	210			
14	22/02/2014	Manhã		180			
15		Tarde		150			
16		Noite	170	170			
17	23/02/2014	Manhã		90			
18		Tarde		87			
19		Noite	123	123			
20	24/02/2014	Manhã		124			
21		Tarde		130			
22		Noite	90	90			
23							

Figura 6.53 - Base de dados.

Não é preciso se preocupar com a coluna G. Ela será o resultado das caixas de seleção que serão criadas na pasta Plan1.

Nas próximas células o trabalho será o seguinte: só colocar algum valor se a caixa de seleção for acionada.

Ainda na Plan2:

Na célula C2, digitar: =SEERRO(D2*SE($G$1=FALSO;"";$G$1);"").

Na célula C3, digitar: =SEERRO(D3*SE($G$2=FALSO;"";$G$2);"").

Na célula C4, digitar: =SEERRO(D4*SE($G$3=FALSO;"";$G$3);"").

Selecionar as células C2 a C4, copiar e colar nas células C5 a C7.

Repetir este processo até a linha 22.

Para montar a pasta Plan1:

Criar um desenho igual ao quadrado da Figura 6.54.

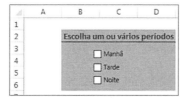

Figura 6.54 - Tela para escolha do período.

Para montar a caixa de seleção, entrar no **Menu Desenvolvedor**, no item **Inserir**, e escolher a opção **Caixa de Seleção**, conforme Figura 6.55.

Figura 6.55 - Inserindo Caixa de Seleção.

Ao criar a primeira caixa de seleção, clicar nela com o botão direito do mouse e escolher a opção **Formatar controle**, conforme a Figura 6.56.

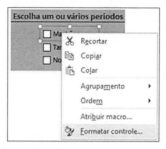

Figura 6.56 - Formatar controle.

Preencher os dados conforme a Figura 6.57.

Figura 6.57 - Formatar controle da primeira caixa de seleção.

Clicar na segunda caixa de seleção e, com o botão direito do mouse, escolher a opção **Formatar controle** e preencher conforme a Figura 6.58.

Figura 6.58 - Formatar controle da segunda caixa de seleção.

Clicar na terceira caixa e, com o botão direito do mouse, escolher a opção **Formatar controle** e preencher conforme a Figura 6.59.

Figura 6.59 - Formatar controle da terceira caixa de seleção.

Para montar o título, observar a Figura 6.60.

Figura 6.60 - Inserindo um título.

Para montar este título na parte superior, entrar no **Menu**, **Inserir**, **Formas** e escolher a opção **Retângulo de cantos arredondados** conforme a Figura 6.61.

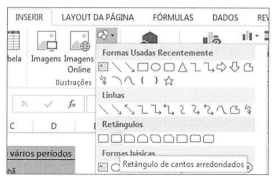

Figura 6.61 - Inserindo uma forma para texto.

Dentro da figura, digitar VISITAS POR PERÍODO. Centralizar o texto e utilizar a fonte Arial Black 36.

Agora é preciso montar o gráfico, conforme a Figura 6.62.

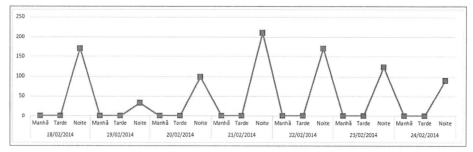

Figura 6.62 - Modelo do gráfico.

Entrar em **Menu**, **Inserir**, **Gráfico** e escolher o **Gráfico de linhas com marcadores** (quarta opção), conforme a Figura 6.63.

Figura 6.63 - Inserindo gráfico de linhas.

Clicar com o botão direito do mouse sobre o gráfico e escolher a opção **Selecionar dados**.

Clicar em editar Série e preencher conforme a Figura 6.64.

Figura 6.64 - Preenchendo a primeira série.

Clicar em **Rótulos do eixo horizontal** e preencher conforme a Figura 6.65.

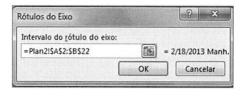

Figura 6.65 - Preenchendo eixo horizontal.

O resultado será obtido conforme a Figura 6.66.

Figura 6.66 - Modelo do resultado.

Clicar nos marcadores, clicar com o botão direito do mouse e escolher a opção **Formatar séries de dados**. Clicar em linha de preenchimento e em marcador e mudar a opção para quadrado, tamanho 9. Ao final escolher a cor vermelha, conforme a Figura 6.67.

Figura 6.67 - Formatar séries de dados.

Para concluir, recomenda-se testar o projeto.

Figura 6.68 - Gráfico de linhas com caixa de seleção.

EXERCÍCIOS PROPOSTOS

1. Acrescente, no exemplo visto anteriormente, mais uma opção utilizando a caixa de seleção. Nela, o usuário poderá escolher também ver as visitas por região.

2. Em seguida, crie mais uma série em seu gráfico com a média dos valores que estão sendo mostrados. Para isso, crie uma nova coluna e coloque a média de todos os valores que estão sendo apresentados em seu gráfico. Fica visualmente interessante saber em qual dia e período ficaram acima da média.

6.4 Gráfico de velocímetro

Este é um gráfico muito comum de ser visto e servirá para mostrar, em uma escala de 0 a 100, onde se está.

Para a criação deste gráfico, é preciso executar três etapas. Ele é uma junção de dois gráficos ao mesmo tempo: o primeiro é um gráfico de rosca; o segundo, um gráfico de pizza.

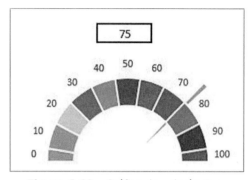

Figura 6.69 - Gráfico de velocímetro.

É preciso montar a seguinte tabela apresentada na Figura 6.70 para a construção do gráfico:

	A	B	C
1	Dados	Rótulos	Ponteiro
2	180	0	180
3	9	0	125
4	18	10	2
5	18	20	53
6	18	30	
7	18	40	
8	18	50	
9	18	60	
10	18	70	
11	18	80	
12	18	90	
13	9	100	

Figura 6.70 - Tabela de dados.

Na célula L3, preencher o valor 50. Ele será o guia para o ponteiro.

Notar que uma circunferência tem um ângulo de 360 graus.

O gráfico terá duas partes: a superior e a inferior. A superior é a que será vista. Ela tem 180 graus. A parte inferior ficará invisível, completando assim a circunferência total.

Se for feita a soma da coluna A, resultará o valor total de 360.

Já a coluna B servirá apenas para colocar os rótulos.

E se for feita a soma da coluna C, o resultado também será de 360.

Na célula C3, digitar a seguinte fórmula: =((180/100)*L3)-1.

A célula C3 irá calcular quanto do valor digitado em L3 representa na parte superior da circunferência.

A célula C4 será a largura do ponteiro.

Na célula C5, digitar a seguinte fórmula: =360-SOMA(C2:C4).

A célula C5 irá calcular o valor para completar o total de 360, que é o tamanho da circunferência.

Selecionar o intervalo de A2 a A13.

Em **Menu**, **Inserir**, escolher o **Gráfico de rosca** (primeira opção). Esse gráfico está junto ao gráfico de pizza.

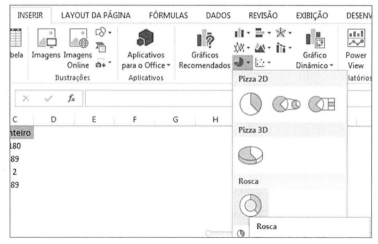

Figura 6.71 - Gráfico de Rosca.

Clicar sobre o gráfico com o botão direito do mouse e escolher a opção **Formatar séries de dados**.

Em **Ângulo da primeira fatia**, digitar 90% e, em **Tamanho do orifício da rosca**, marcar 50%.

Clicar sobre o gráfico com o botão direito do mouse e escolher a opção **Selecionar dados**.

Adicionar uma nova série conforme a Figura 6.73.

Figura 6.72 - Alterando opções de série.

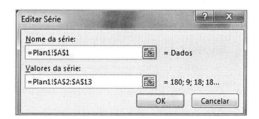

Figura 6.73 - Preenchendo a segunda série.

Clicar em Ok e, em seguida, selecionar o item **Editar** em **Rótulos do eixo horizontal** e preencher conforme a Figura 6.74.

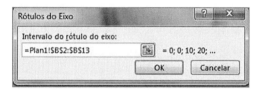

Figura 6.74 - Preenchendo eixo horizontal.

86   Gráficos em Dashboard para Microsoft Excel 2013

O resultado será o mostrado na Figura 6.75.

Figura 6.75 - Modelo atual.

Notar que, neste momento, é como se existissem dois gráficos iguais. A maior fatia vai servir para colocar os rótulos e a parte interna servirá para mostrar as cores.

Clicar sobre a parte mais externa.

Figura 6.76 - Selecionar parte externa.

Com o botão direito do mouse, escolher a opção **Formatar séries de dados**.

Selecionar a guia **Preenchimento** e marcar a opção **Sem preenchimento**.

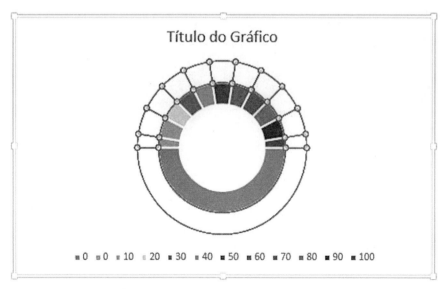

Figura 6.77 - Retirando preenchimento.

Como o gráfico continua selecionado, clicar com o botão direito do mouse e escolher a opção **Adicionar rótulos de dados**.

Selecionar todos os rótulos.

Figura 6.78 - Selecionando rótulos.

Clicar com o botão direito do mouse e escolher a opção **Formatar rótulos de dados**. Desmarcar todas as opções e deixar apenas o nome da categoria selecionado.

Figura 6.79 - Formatar rótulos.

Clicar no rótulo inferior 0 (zero). Ao fazer isso, todos os rótulos devem ficar selecionados. Clicar novamente para selecionar apenas este e deletar.

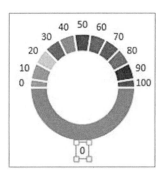

Figura 6.80 - Selecionar apenas um rótulo.

Clicar sobre a maior fatia (azul), clicar novamente para que apenas ela esteja selecionada e, com o botão direito do mouse, selecionar a opção **Formatar ponto de dados**.

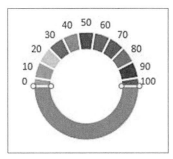

Figura 6.81 - Selecionar apenas uma área.

Gráficos 89

Em **Preenchimento**, selecionar o item **Sem preenchimento**.

Apagar os rótulos na parte inferior do gráfico. Será obtido o seguinte resultado, mostrado na Figura 6.82:

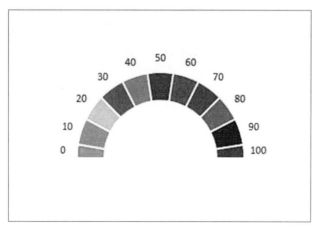

Figura 6.82 - Modelo atual.

Agora é preciso montar o ponteiro. Para isso, selecionar o gráfico com o botão direito do mouse e escolher a opção **Selecionar dados**.

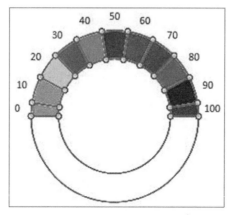

Figura 6.83 - Selecionando gráfico.

Adicionar uma nova série:

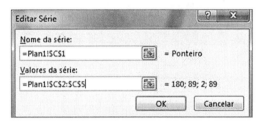

Figura 6.84 - Adicionando nova série de dados.

O resultado obtido será o seguinte:

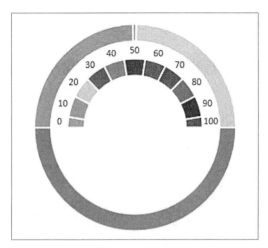

Figura 6.85 - Modelo atual.

Selecionar a última série criada.

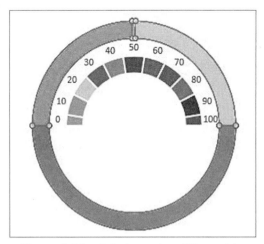

Figura 6.86 - Selecionando a última série.

Com o botão direito do mouse, escolher a opção **Alterar tipo de gráfico de série** e preencher conforme a Figura 6.87.

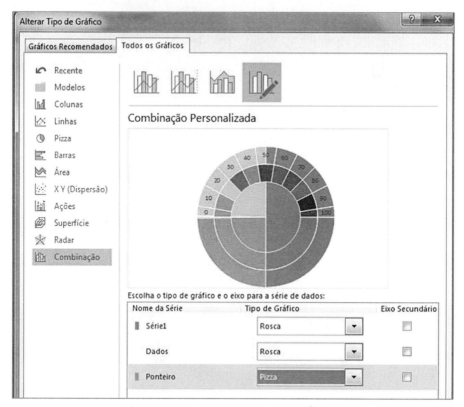

Figura 6.87 - Combinando dois gráficos.

O resultado obtido será o seguinte:

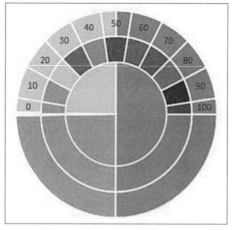

Figura 6.88 - Modelo atual.

Clicar bem próximo ao eixo central para selecionar o gráfico de pizza.

Com o botão direito do mouse, selecionar a opção **Formatar séries de dados**. Em **Ângulo da primeira fatia**, digitar 90%.

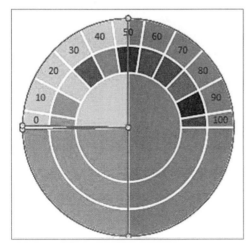

Figura 6.89 - Selecionando gráfico de pizza.

Figura 6.90 - Formatando série de dados.

O resultado obtido será o seguinte:

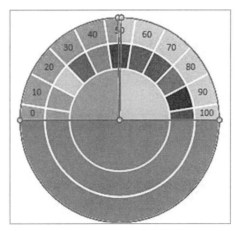

Figura 6.91 - Modelo atual.

Clicar próximo ao eixo principal e selecionar a cor azul clara. Clicar novamente para que apenas a cor azul fique selecionada.

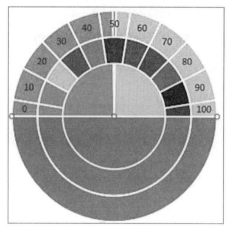

Figura 6.92 - Selecionando base (cor azul clara).

Clicar com o botão direito do mouse e selecionar a opção **Formatar ponto de dados** e, na guia **Preenchimento**, marcar **Sem preenchimento**.

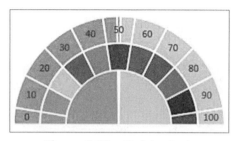

Figura 6.93 - Modelo atual.

Clicar na cor laranja próximo ao eixo principal e clicar novamente para que apenas ela fique selecionada.

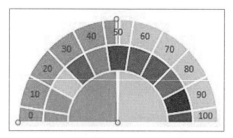

Figura 6.94 - Selecionando base (cor laranja).

Clicar com o botão direito do mouse e selecionar a opção **Formatar ponto de dados** e, na guia **Preenchimento**, marcar **Sem preenchimento**.

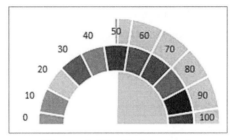

Figura 6.95 - Modelo atual.

Clicar na cor amarela próximo ao eixo principal e clicar novamente para que apenas ela fique selecionada.

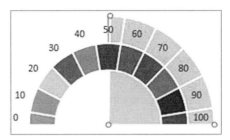

Figura 6.96 - Selecionando base (cor amarela).

Clicar com o botão direito do mouse e selecionar a opção **Formatar ponto de dados** e, na guia **Preenchimento**, marcar **Sem preenchimento**.

Remover o título. O resultado obtido será o seguinte:

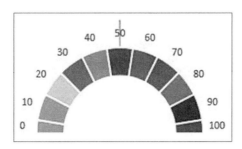

Figura 6.97 - Modelo atual.

Experimentar alterar a célula L3 para 75 e a célula C4 (largura do ponteiro) para 4.

O resultado obtido será o seguinte:

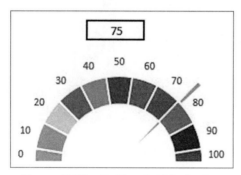

Figura 6.98 - Gráfico de Velocímetro.

EXERCÍCIOS PROPOSTOS

1. Crie uma tabela de valores consolidados por região. Monte o gráfico conforme o exemplo visto anteriormente e adicione a ele uma caixa de seleção. Conforme a escolha da caixa de seleção, busque o valor correspondente e altere a célula L3.
2. Crie diversos gráficos de velocímetro e faça comparações em relação aos seus vendedores, por exemplo.

capítulo 7

Painéis

O objetivo deste capítulo é a criação de diversos painéis, com a intenção de tornar os projetos muito mais práticos e com apresentação mais profissional.

7.1 Painel formatação condicional setas/ semáforos com barra de rolagem

Será apresentado a seguir um exemplo que faz uso da formatação condicional. Nele, o trabalho será feito com três modelos de carros diferentes e suas vendas diárias. Ao final deste item, o painel informativo deverá se parecer com o seguinte:

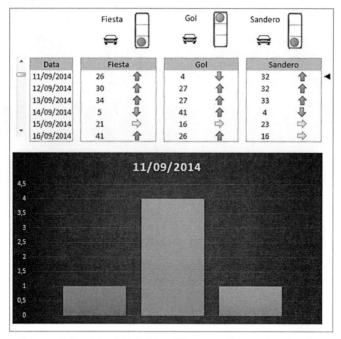

Figura 7.1 - Painel Seta/Semáforo com barra de rolagem.

É preciso montar uma tabela conforme a Figura 7.2.

	A	B	C	D
1	Data	Fiesta	Gol	Sandero
2	01/09/2014	37	22	9
3	02/09/2014	31	15	36
4	03/09/2014	2	40	39
5	04/09/2014	3	25	13
6	05/09/2014	3	40	1
7	06/09/2014	34	38	22
8	07/09/2014	9	20	9
9	08/09/2014	46	25	18
10	09/09/2014	30	50	44
11	10/09/2014	2	25	28
12	11/09/2014	26	4	32
13	12/09/2014	30	27	32
14	13/09/2014	34	27	33
15	14/09/2014	5	41	4
16	15/09/2014	21	16	23
17	16/09/2014	41	26	16
18	17/09/2014	20	33	30
19	18/09/2014	15	24	44
20	19/09/2014	2	43	31
21	20/09/2014	18	10	21
22	21/09/2014	41	5	26
23	22/09/2014	28	3	2
24	23/09/2014	44	17	31

Figura 7.2 - Base de dados.

Todos os dados foram aleatórios; para a construção, foi utilizada a função ALEATÓRIOENTRE. As células B2 a D24 da Plan2 foram preenchidas com a função: =ALEATÓRIOENTRE(1;50).

Ainda na Plan2 é necessário montar uma tabela conforme a Figura 7.3.

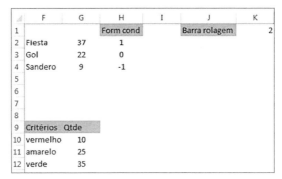

Figura 7.3 - Modelo de dados da Plan2.

Na coluna K1 temos o valor 2. Esta célula será usada para fazer referência ao resultado da barra de rolagem, que será utilizada na Plan1.

Nas próximas três células, a cada toque na barra de rolagem, ou seja, a cada mudança de data, será mostrado o valor referente a cada carro. São estes valores que irão fazer o semáforo mudar de cor.

Na célula G2, digitar: =INDIRETO("B"&K1)

Na célula G3, digitar: =INDIRETO("C"&K1)

Na célula G4, digitar: =INDIRETO("D"&K1)

O próximo passo é montar o critério de valores para cada cor dos semáforos, conforme Figura 7.4.

Critérios	Qtde
vermelho	10
amarelo	25
verde	35

Figura 7.4 - Critérios e valores para a montagem do farol.

Na célula G10, digitar =10 e mudar o nome na caixa de nomes para vermelho.

Na célula G11, digitar =25 e mudar o nome na caixa de nomes para amarelo.

Na célula G12, digitar =35 e mudar o nome na caixa de nomes para verde.

Na sequência, montar os valores que irão servir para cada cor de cada semáforo, conforme Figura 6.5.

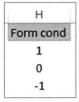

Figura 7.5 - Identificação das cores para o semáforo.

Na célula H2, digitar: =SE(G2<=vermelho;-1;SE(G2<=amarelo;0;1))

Na célula H3, digitar: =SE(G3<=vermelho;-1;SE(G3<=amarelo;0;1))

Na célula H4, digitar: =SE(G4<=vermelho;-1;SE(G4<=amarelo;0;1))

Para os semáforos, será utilizado o recurso da **Formatação condicional**, na qual: –1 será vermelho, 0 será amarelo e 1 será verde.

Em seguida, montar os semáforos conforme a Figura 7.6.

Ainda na Plan2, digitar os textos "Fiesta", "Gol" e "Sandero" na coluna M, nas respectivas linhas 2, 8 e 14.

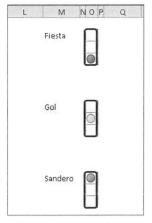

Figura 7.6 - Semáforos.

A largura da coluna O é de 2,29 (selecionar a coluna O, clicar com o botão direito do mouse e escolher largura da coluna). Fazer o mesmo procedimento para as colunas do intervalo de N a P, com a largura 0,83.

Selecionar as células de O2 a O4 e escolher uma borda tracejada (clicar, com o botão direito do mouse, em **Formatar células, Bordas**). Selecionar a primeira linha tracejada, conforme a Figura 7.7.

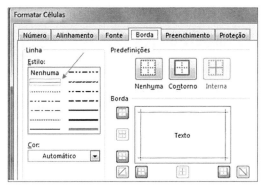

Figura 7.7 - Bordas.

Para montar o contorno azul (ao redor do farol), escolher **Inserir formas** no Menu, e, em seguida, a opção **Retângulo de cantos arredondados**, conforme a Figura 7.8.

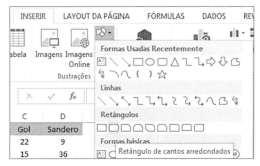

Figura 7.8 - Retângulo de cantos arredondados.

Deixar a figura sem preenchimento e com a borda na cor azul. Se for necessário, ao clicar na figura no menu **Ferramentas de desenho**, no item **Contorno da forma**, aumentar um pouco a espessura.

Figura 7.9 - Modelo semáforo com borda.

Para a montagem dos outros semáforos, utilizar o procedimento anterior.

Será utilizada a seguinte notação: 1 - verde para as vendas >= 35 unidades, 0 - amarelo para as vendas de 11 a 25 unidades e –1 vermelho para vendas <= 10 unidades.

Ainda na Plan2:

Na célula O2, digitar: =SE(H2=-1;-1;"")

Na célula O3, digitar: =SE(H2=0;0;"")

Na célula O4, digitar: =SE(H2=1;1;"")

Na célula O8, digitar: =SE(H3=-1;-1;"")

Na célula O9, digitar: =SE(H3=0;0;"")

Na célula O10, digitar: =SE(H3=1;1;"")

Na célula O14, digitar: =SE(H4=-1;-1;"")

Na célula O15, digitar: =SE(H4=0;0;"")

Na célula O16, digitar: =SE(H4=1;1;"")

Selecionar as células de O2 a O4, no Menu **Página inicial**, escolher **Formatação condicional**, Conjunto de ícones, Direcional, três semáforos não coroados, conforme a Figura 7.10.

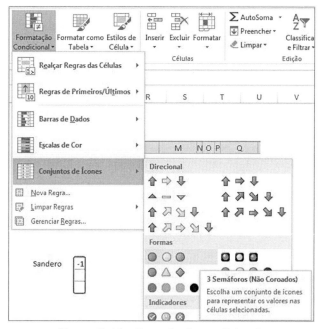

Figura 7.10 - Formatação condicional.

Deixar as regras conforme a Figura 7.11.

Figura 7.11 - Editando regra da Formatação condicional.

Selecionar as células de O2 a O4, clicar em **Pincel de formatação** e colar esta formatação nas células O8 a O10. Repetir o processo para as células O14 a O16. Se houver dificuldade em colar a formatação, arrastar a figura do retângulo para o lado e colar a formatação. Em seguida, retornar o retângulo para a posição anterior.

O resultado obtido será o seguinte:

Figura 7.12 - Modelo dos semáforos.

Mesclar as células (M3 com M4, M9 com M10 e M15 com M16).

Selecionar a célula M3.

Em **Menu, Inserir, Símbolo**, escolher a fonte **Webdings** e o desenho de um carro, conforme a Figura 7.13. Aumentar seu tamanho para 28.

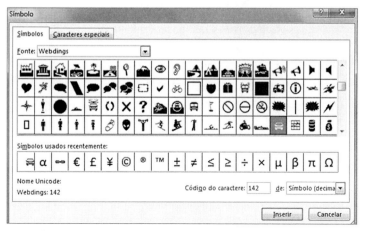

Figura 7.13 - Inserindo uma figura da fonte Webdings.

O resultado obtido será o seguinte:

Figura 7.14 - Primeiro semáforo.

Selecionar a célula M3, copiar e colar nas células M9 e M15.

O resultado obtido será o seguinte:

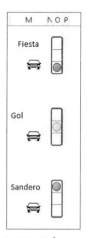

Figura 7.15 - Três semáforos.

Ainda na Plan2, selecionar as células de M1 a P5, tirar uma foto, utilizando o botão **Câmera**.

Figura 7.16 - Selecionando o primeiro semáforo.

Colar esta figura na Plan1 na célula G1.

Clicar com o botão direito sobre a figura e escolher a opção **Tamanho e propriedades**. Em **Propriedades**, marcar **Não mover ou dimensionar com células**, conforme a Figura 7.17.

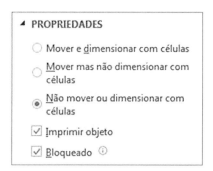

Figura 7.17 - Alterando propriedades da figura.

Em **Cor da linha**, marcar sem linha e, em **Preenchimento**, marcar sem preenchimento. O resultado obtido será conforme a Figura 7.18.

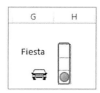

Figura 7.18 - Finalização do primeiro semáforo.

Repetir o processo anterior, copiando as células de M7 a P11, com o botão Câmera, e colando na Plan1 na célula J1.

Repetir o processo anterior, copiando as células de M13 a P17, com o botão Câmera, e colando na Plan1 na célula M1.

O resultado obtido será o seguinte:

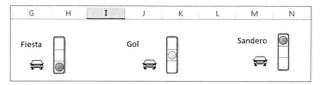

Figura 7.19 - Finalização dos três semáforos na Plan1.

Agora é preciso montar a próxima etapa, que será a visualização diária dos dados, conforme Figura 7.20.

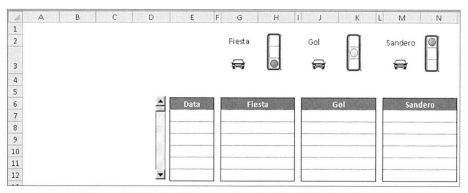

Figura 7.20 - Modelo para visualização diária dos dados.

Para colocar o controle **Barra de rolagem** na coluna D, entre no **Menu: Desenvolvedor**, **Inserir**, **Barra de rolagem**, conforme a Figura 7.21.

Figura 7.21 - Inserindo barra de rolagem.

Clicar com o botão direito do mouse sobre o controle que foi colocado e, em **Formatar controle**, preencher conforme a Figura 7.22.

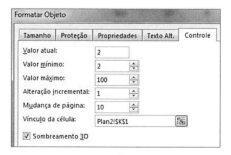

Figura 7.22 - Formatação da barra de rolagem.

Na célula E7, digitar:

=SE(DESLOC(Plan2!A1;Plan2!$K$1-1;0)=0;"";DESLOC(Plan2!A1;Plan2!$K$1-1;0))

Arrastar esta fórmula até a linha 12 e formatar as células como data.

Na célula G7, digitar:

=SE(DESLOC(Plan2!B1;Plan2!$K$1-1;0)=0;"";DESLOC(Plan2!B1;Plan2!$K$1-1;0))

Arrastar esta fórmula até a linha 12.

Na célula H7, digitar:

=SE(G7<>"";SE(G7<=vermelho;-1;SE(G7<=amarelo;0;1));"")

Arrastar esta fórmula até a linha 12.

Na célula J7, digitar:

=SE(DESLOC(Plan2!C1;Plan2!$K$1-1;0)=0;"";DESLOC(Plan2!C1;Plan2!$K$1-1;0))

Arrastar esta fórmula até a linha 12.

Na célula K7, digitar:

=SE(J7<>"";SE(J7<=vermelho;-1;SE(J7<=amarelo;0;1));"")

Arrastar esta fórmula até a linha 12.

Na célula M7, digitar:

=SE(DESLOC(Plan2!D1;Plan2!$K$1-1;0)=0;"";DESLOC(Plan2!D1;Plan2!$K$1-1;0))

Arrastar esta fórmula até a linha 12.

Na célula N7, digitar:

=SE(M7<>"";SE(M7<=vermelho;-1;SE(M7<=amarelo;0;1));"")

Arrastar esta fórmula até a linha 12.

Nos títulos, colocar a cor verde. Selecionar as células G6 a H6, clicar com o botão da direita do mouse, escolher a opção **Formatar células** e, na guia **Alinhamento**, no item Horizontal, escolher a opção **Centralizar seleção**.

Selecionar uma borda tracejada para todas as colunas.

O resultado obtido será conforme a Figura 7.23.

Selecionar as células de H7 a H12. No **Menu, Formatação condicional**, **Conjunto de ícones**, Direcional, três setas coloridas, conforme a Figura 7.24.

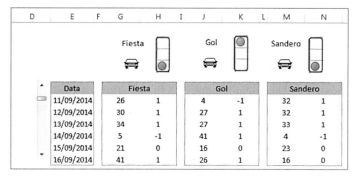

Figura 7.23 - Modelo atual.

Figura 7.24 - Formatação condicional.

A regra deverá ficar conforme a Figura 7.25.

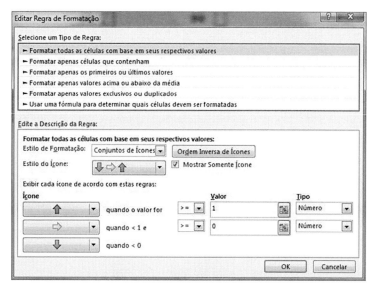

Figura 7.25 - Alterando a regra da Formatação condicional.

Selecionar as células de H7 a H12, clicar no **Pincel de formatação** e colar esta formatação para as células K7 a K12.

Selecionar as células de H7 a H12, clicar no **Pincel de formatação** e colar esta formatação para as células N7 a N12.

Selecionar a célula O7. No **Menu**, **Inserir**, **Símbolo**, escolher a fonte Arial e colocar uma seta para a esquerda, conforme a Figura 7.26.

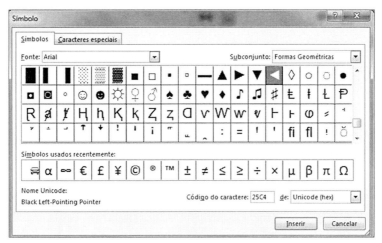

Figura 7.26 - Escolhendo um símbolo.

Diminuir o tamanho das colunas F, I, e L.

O resultado, até agora, deverá ser conforme a Figura 7.27.

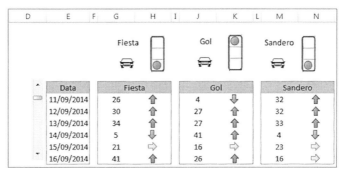

Figura 7.27 - Modelo.

Agora será inserido o gráfico final do projeto.

No **Menu**, **Inserir**, **Gráfico de colunas 2D** (primeira opção), conforme a Figura 7.28.

Figura 7.28 - Inserindo gráfico.

Clicar com o botão direito no gráfico e escolher a opção **Selecionar dados**.

Serão adicionadas três séries, conforme as próximas figuras.

Adicionar a primeira série:

Figura 7.29 - Primeira série.

Adicionar a segunda série:

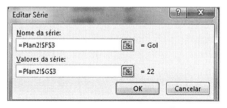

Figura 7.30 - Segunda série.

Adicionar a terceira série:

Figura 7.31 - Terceira série.

Clicar no gráfico e notar que, na parte superior, irá aparecer **Ferramentas de gráfico**. Escolher a opção **Design** e o Estilo 9.

Retirar as linhas de grade.

No Menu, clicar em **Design, Adicionar elemento gráfico**, escolher a opção **Título do gráfico** e, em seguida, a opção **Acima do gráfico**.

Clicar sobre o título do gráfico para selecioná-lo. Com ele selecionado, clicar em f(x) e digite =Plan1!$E$7

Remover qualquer título do eixo horizontal.

O resultado obtido será o seguinte:

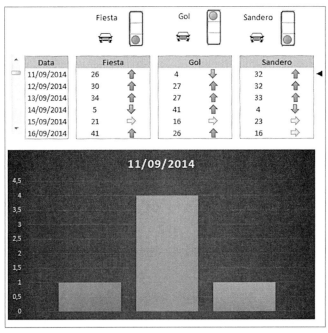

Figura 7.32 - Painel Seta/Semáforo com barra de rolagem.

EXERCÍCIOS PROPOSTOS

1. Refaça o exemplo anterior e, em vez de utilizar carros, você poderá utilizar os produtos mais vendidos de sua empresa.
2. Agregue ao exemplo visto anteriormente uma caixa de seleção, dando opção de mais uma quebra em seu relatório, como as filiais de sua empresa.

7.2 Painel de vendas com barra de rolagem

O objetivo deste painel é mostrar como andam as vendas por trimestre de determinados itens, dando a possibilidade de visualização trimestral de todos os dados.

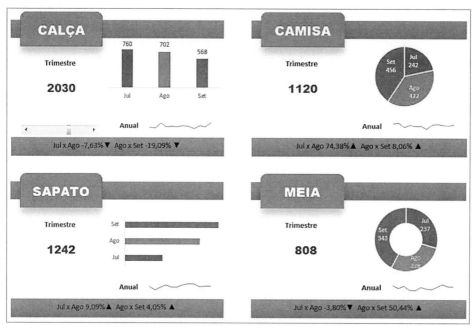

Figura 7.33 - Painel Vendas com barra de rolagem.

A planilha tem duas pastas, a Plan1 e a Plan2. A base de dados terá início na Plan2.

A ideia é que a Plan2, ao final, tenha este modelo de dados, conforme a Figura 7.34.

	A	B	C	D	E	F	G	H	I	J	K	L	M
1	Itens	Jan	Fev	Mar	Abr	Mai	Jun	Jul	Ago	Set	Out	Nov	Dez
2	Calça	34	13	29	150	87	114	21	99	17	88	74	30
3	Sapato	146	101	26	76	35	132	120	95	122	128	83	137
4	Camisa	109	40	57	17	122	87	115	37	21	132	67	81
5	Camisa	130	64	72	34	99	35	63	108	55	55	137	114
6	Sapato	55	88	74	34	135	115	115	94	34	44	98	139
7	Meia	33	74	46	128	34	118	76	118	141	94	93	90
8	Calça	52	95	98	52	30	59	109	49	27	75	108	85
9	Meia	126	64	113	125	66	76	99	139	127	107	123	59
10	Meia	15	60	125	67	24	27	105	143	24	19	34	81
11	Sapato	49	55	121	42	27	55	47	78	29	147	52	53
12	Calça	67	103	65	19	83	98	129	29	134	23	57	79
13	Camisa	78	113	80	78	115	90	112	60	128	74	140	39
14	Meia	125	95	135	39	82	109	127	70	33	53	29	72
15	Camisa	62	22	12	59	102	80	94	76	107	146	47	57
16	Calça	100	136	86	138	37	24	69	27	114	100	20	150
17	Calça	142	127	110	104	56	34	116	108	140	140	29	119
18	Meia	91	54	118	61	94	65	121	95	25	81	20	113
19	Meia	52	140	26	78	124	18	111	130	69	116	73	43
20	Meia	82	58	121	30	102	115	97	106	97	36	109	26
21	Camisa	69	84	30	82	21	74	77	50	89	142	126	51
22	Meia	13	110	29	99	86	23	128	130	32	56	140	27
23	Calça	100	59	48	86	56	148	45	131	105	117	54	56
24	Calça	72	122	46	25	108	44	126	10	143	41	114	136

O	P	Q	R	S	T	U	V	W	X	Y	Z	AA	AB	AC
Vendas	Jan	Fev	Mar	Abr	Mai	Jun	Jul	Ago	Set	Out	Nov	Dez		Itens
Calça	567	655	482	574	457	521	615	453	680	584	456	655		Calça
Camisa	448	323	251	270	459	366	461	331	400	549	517	342		Camisa
Sapato	250	244	221	152	197	302	282	267	185	319	233	329		Sapato
Meia	537	655	713	627	612	551	864	931	548	562	621	511		Meia

seleção 5

Vendas	Mai	Jun	Jul	Total
Calça	457	521	615	1593
Camisa	459	366	461	1286
Sapato	197	302	282	781
Meia	612	551	864	2027

Mai x Jun		Jun x Jul	
14,0%	▲	18,0%	▲
-20,3%	▼	26,0%	▲
53,3%	▲	-6,6%	▼
-10,0%	▼	56,8%	▲

Mai x Jun 14,00% ▲ Jun x Jul 18,04% ▲
Mai x Jun -20,26% ▼ Jun x Jul 25,96% ▲
Mai x Jun 53,30% ▲ Jun x Jul -6,62% ▼
Mai x Jun -9,97% ▼ Jun x Jul 56,81% ▲

Figura 7.34 - Base de dados.

Primeiro, é preciso montar a lista de dados.

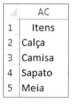

Figura 7.35 - Lista de dados.

Selecionar o intervalo de AC2 a AC5 e, na caixa de nomes, dar o nome de itens, conforme a Figura 7.36.

Figura 7.36 - Lista de nomes - Itens.

Nas células compreendidas no intervalo de A1 a M1, digitar os títulos.

Figura 7.37 - Cabeçalho dos itens.

Na célula A2, digitar a seguinte fórmula:

=ÍNDICE(itens;ALEATÓRIOENTRE(1;CONT.VALORES(itens)))

O que esta fórmula retorna?

No início do livro, foi visto que a utilização da função ÍNDICE retorna um determinado item em uma lista específica. Criou-se uma lista de valores de AC2 a AC5, contendo todos os itens e percebeu-se que fórmula ALEATÓRIOENTRE traz valores aleatórios.

Nesse caso, como são 4 itens, esta função irá retornar valores entre 1 e 4, aleatoriamente. Este tipo de raciocínio é muito útil quando se deseja criar uma massa de dados para testes.

Na célula B2, digitar a seguinte fórmula: =ALEATÓRIOENTRE(10;150)

Esta fórmula nos trará valores aleatórios entre 10 e 150. Selecionar a célula B2 e arrastar esta fórmula até a célula M2.

Agora, selecionar o intervalo de A2 até M2 e arrastar este intervalo até a linha 24.

Neste exemplo, são utilizadas poucas linhas para facilitar a visualização, mas pode-se seguir com o intervalo até que satisfaça todas as combinações desejadas.

Agora é preciso montar um resumo total de todas as vendas. Nas células compreendidas no intervalo de O1 a AA1, digitar os títulos, conforme a Figura 6.38.

O	P	Q	R	S	T	U	V	W	X	Y	Z	AA
Vendas	Jan	Fev	Mar	Abr	Mai	Jun	Jul	Ago	Set	Out	Nov	Dez
Calça	567	655	482	574	457	521	615	453	680	584	456	655
Camisa	448	323	251	270	459	366	461	331	400	549	517	342
Sapato	250	244	221	152	197	302	282	267	185	319	233	329
Meia	537	655	713	627	612	551	864	931	548	562	621	511

Figura 7.38 - Cabeçalho dos itens para o resumo total das vendas.

No intervalo de O2 a O5, digitar os itens de nosso exemplo.

Na célula P2, digitar a seguinte fórmula: =SOMASES(B:B;$A:$A;$O2).

Selecionar a célula P2 e arrastar esta fórmula até a célula AA2.

Selecionar o intervalo de P2 a AA2 e arrastar até a linha 5.

Agora estão disponíveis os totais anuais para todos os itens do exemplo.

Na célula O7, digitar a palavra "Seleção". Na célula P7, digitar o valor 5.

A célula O8 será utilizada para colocar o resultado da barra de rolagem, que será vista adiante. A barra de rolagem do exemplo será útil para que o gráfico avance seus dados mês a mês. Para descobrir o mês em que a barra estará selecionando, será preciso montar a tabela a seguir, na qual serão direcionados, conforme a seleção, os valores corretos a serem mostrados no gráfico, conforme a Figura 7.39.

seleção	5			
Vendas	Mai	Jun	Jul	Total
Calça	161	177	186	524
Camisa	102	33	110	245
Sapato	492	641	622	1755
Meia	859	1171	821	2851

Figura 7.39 - Quadro resumo.

Para o intervalo de O9 a O13, digitar o título e os itens que são utilizados como exemplo.

Na célula P9, digitar a fórmula: =DESLOC(P1;0;$P$7-1)

Selecionar a célula P9 e arrastar até a célula R9.

Na célula S9, digitar o título "Total".

Selecionar o intervalo de P9 a R9 e arrastar até a linha 13.

Na célula S10, digitar a fórmula: =SOMA(P10:R10)

Selecionar a célula S10 e arrastar até a linha 13.

Neste momento, a tabela montada está resumida, ou seja, apenas com três meses, que serão montados conforme a barra de rolagem for progredindo em seus valores.

A Plan2 deverá estar semelhante à da Figura 7.40.

	A	B	C	D	E	F	G	H	I	J	K	L	M
1	Itens	Jan	Fev	Mar	Abr	Mai	Jun	Jul	Ago	Set	Out	Nov	Dez
2	calça	107	30	64	96	90	80	28	54	121	40	10	114
3	calça	51	124	37	75	64	121	103	104	67	149	103	130
4	Camisa	91	92	12	57	48	140	31	59	132	26	97	44
5	Meia	136	44	51	70	11	87	29	83	121	144	128	60
6	Meia	42	39	128	61	66	145	59	31	104	80	85	99
7	Camisa	118	149	109	111	109	40	69	56	69	23	119	74
8	Sapato	50	10	120	38	34	67	59	47	44	91	26	48
9	calça	47	88	110	116	56	75	83	107	98	98	139	69
10	calça	43	37	139	13	97	102	90	46	36	147	85	117
11	calça	72	136	123	46	77	71	34	97	52	66	37	140
12	Meia	98	61	64	28	55	21	71	79	35	141	82	98
13	Camisa	111	88	68	49	76	28	36	67	78	85	121	120
14	Sapato	103	37	30	79	77	41	70	61	53	29	56	60
15	calça	25	90	29	25	105	65	30	100	66	57	44	118
16	calça	139	42	133	91	107	28	123	88	51	12	37	123
17	calça	90	16	125	127	27	119	130	37	38	47	119	68
18	Camisa	128	68	100	100	116	18	84	100	103	149	10	86
19	Camisa	28	105	23	93	20	136	22	140	74	115	27	102
20	Sapato	43	62	54	144	32	64	68	72	142	87	126	61
21	Sapato	58	64	28	64	86	16	65	109	131	55	38	120
22	Meia	115	110	119	29	27	65	78	35	83	83	41	77
23	calça	72	45	138	78	89	22	139	69	39	122	100	79
24	Sapato	84	34	86	58	76	119	123	131	67	68	108	60

	N	O	P	Q	R	S	T	U	V	W	X	Y	Z	AA	AB	AC
1		Vendas	Jan	Fev	Mar	Abr	Mai	Jun	Jul	Ago	Set	Out	Nov	Dez		Itens
2		Calça	646	608	898	667	712	683	760	702	568	738	674	958		calça
3		Camisa	476	502	312	410	369	362	242	422	456	398	374	426		Camisa
4		Sapato	338	207	318	383	305	307	385	420	437	330	354	349		Sapato
5		Meia	391	254	362	188	159	318	237	228	343	448	336	334		Meia
7		Seleção	5													
9		Vendas	Mai	Jun	Jul	Total										
10		Calça	712	683	760	2155										
11		Camisa	369	362	242	973										
12		Sapato	305	307	385	997										
13		Meia	159	318	237	714										

Figura 7.40 - Modelo atual.

Agora é necessário montar a representação de quanto um mês representa sobre o mês anterior em percentual.

Na célula P15, digitar a fórmula: =P9&" x "&Q9

Na célula R15, digitar a fórmula: =Q9&" x "&R9

Na célula P16, digitar a fórmula: =Q10/P10-1

Na célula Q16, digitar a fórmula: =SE(P16>=0;"▲";"▼")

Na célula R16, digitar a fórmula: =R10/Q10-1

Na célula S16, digitar a fórmula: =SE(R16>=0;"▲";"▼")

Selecionar o intervalo compreendido entre as células P16 a S16 e arrastar até a linha 19.

Para obter as setas, entrar no **Menu**, **Inserir**, **Símbolos** e, na fonte Arial, é possível encontrar duas setas, conforme a Figura 7.41.

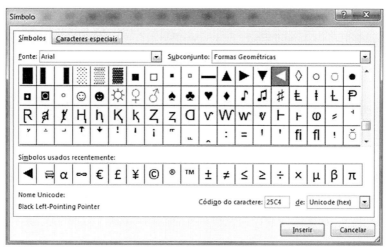

Figura 7.41 - Inserindo símbolo.

Em seguida, serão montados os textos que aparecem no rodapé de cada figura de nosso painel, conforme a Figura 7.42.

	O	P	Q	R	S	T	U	V	W	X	Y	Z	AA
14													
15		Mai x Jun		Jun x Jul									
16		-0,041 ▼		0,1127 ▲				Mai x Jun -4,07% ▼	Jun x Jul 11,27% ▲				
17		-0,019 ▼		-0,331 ▼				Mai x Jun -1,90% ▼	Jun x Jul -33,15% ▼				
18		0,0066 ▲		0,2541 ▲				Mai x Jun 0,66% ▲	Jun x Jul 25,41% ▲				
19		1 ▲		-0,255 ▼				Mai x Jun 100,00% ▲	Jun x Jul -25,47% ▼				
20													

Figura 7.42 - Textos do rodapé do painel.

Na célula V16, digitar a seguinte fórmula:

=$P$15&""&TEXTO(P16;"0,00%")&Q16&"   "&$R$15&"   "&TEXTO(R16;"0,00%")&"   "&S16

Selecionar a célula V16 e arrastar até a linha 19.

Utiliza-se a função TEXTO para mostrar o valor percentual corretamente; se assim não fosse, o valor seria mostrado como decimal, o que não daria o efeito desejado.

Aqui é finalizada a Plan2 e são obtidos todos os dados necessários para que seja montado o painel.

O painel é composto por quatro figuras, cada uma delas representando um determinado item. Na caixa superior tem-se o nome do item; na parte central, a somatória do trimestre desejado; ao lado, um gráfico referente ao trimestre desejado. Está presente também a barra de rolagem, que indicará a linha do tempo referente aos meses. Em seguida, um minigráfico referente ao valor anual e, na parte inferior, o percentual referente ao comparativo entre os meses.

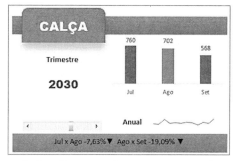

Figura 7.43 - Esquema da primeira parte do painel.

Neste caso, serão usadas três figuras.

Entrar no **Menu**, **Inserir**, **Formas** e escolher o **Retângulo**, conforme a Figura 7.44.

Figura 7.44 - Forma - retângulo.

Clicar no retângulo. Ao clicar, é possível notar que, na parte superior, aparecerá o **Menu Ferramentas de desenho**. Clicar nesse menu e escolher a opção **Formatar** e, em seguida, a opção **Efeito moderado**, conforme a Figura 7.45.

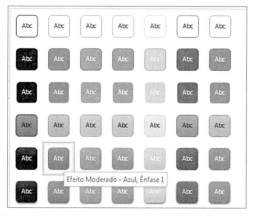

Figura 7.45 - Formatar figura - Efeito moderado.

Copiar e colar novamente este retângulo, pois será a barra inferior, conforme a Figura 7.46.

Figura 7.46 - Figura retângulo com efeito moderado.

Entrar no **Menu**, **Inserir**, **Formas** e escolher a figura **Arredondar retângulo no mesmo canto lateral**, conforme a Figura 7.47.

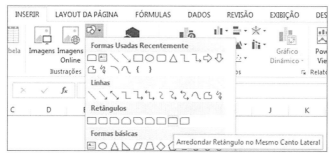

Figura 7.47 - Formas - Arredondar retângulo no mesmo canto lateral.

Selecionar a figura que foi adicionada e mudar para a cor vermelha.

Clicar com o botão direito do mouse sobre a figura e escolher a opção **Tamanho e propriedades**. Na guia **Sombra**, preencher conforme a Figura 7.48.

Figura 7.48 - Formatar Forma - Sombra.

Clicar na forma e escrever "Calça", utilizando a fonte Arial Black 18.

O resultado obtido será o seguinte:

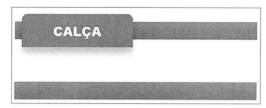

Figura 7.49 - Primeiro quadro.

Agora será montado o painel. Observar que há cerca de nove linhas entre as barras.

Todos os quadros deverão ter a mesma aparência, e somente no primeiro quadro estará a barra de rolagem que comandará todos os outros quadros.

Cada figura vermelha irá conter o nome de cada um dos quatro itens. Estes itens deverão ter a fonte Arial Black 18, conforme a Figura 7.50.

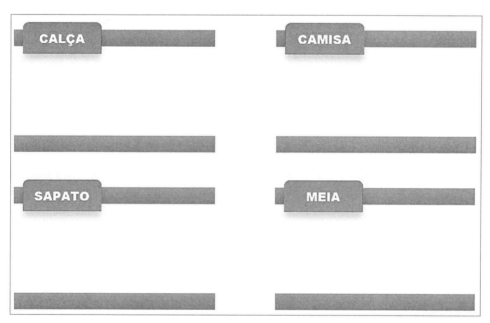

Figura 7.50 - Modelo dos quatro quadros.

O primeiro quadro deve ficar conforme a Figura 7.51.

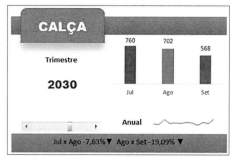

Figura 7.51 - Modelo primeiro quadro.

Na célula C7, digitar "Trimestre" com a fonte Calibri 11 e em negrito.

Na célula C9, digitar: =Plan2!S10.

Utilizar a fonte Arial Black 16 na cor azul escuro.

Para inserir o gráfico, clicar em **Menu**, **Inserir**, **Colunas**, **Colunas agrupadas** (primeira opção), conforme a Figura 7.52.

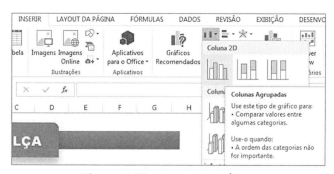

Figura 7.52 - Inserindo Gráfico.

Clicar com o botão direito do mouse e escolher a opção **Selecionar dados**.

Adicionar uma série e preencher conforme a Figura 7.53.

Em **Rótulos do eixo horizontal**, preencher conforme a Figura 7.54.

Figura 7.53 - Primeira série.

Figura 7.54 - Eixo horizontal.

Retirar os rótulos dos eixos.

Experimentar mudar as cores das barras. Observar que haverá vários gráficos e as cores que forem escolhidas para cada mês deverão estar em todos os outros gráficos.

Retirar as linhas do quadro do gráfico. Até aqui, o resultado obtido deverá ser o seguinte, conforme a Figura 7.55:

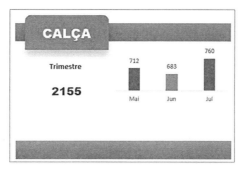

Figura 7.55 - Primeiro quadro com gráfico.

Para inserir a Barra de Rolagem, **Menu**, **Desenvolvedor**, **Inserir**, **Barra de rolagem** no item **Controles de formulário**.

Figura 7.56 - Controles de formulário - barra de rolagem.

Colocar este controle logo acima, na barra inferior do primeiro quadro.

Clicar com o botão direito do mouse sobre a barra de rolagem e escolher a opção **Formatar controle** e preencher conforme a Figura 7.57.

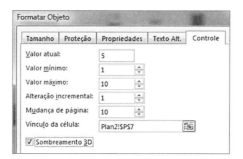

Figura 7.57 - Formatar controle da barra de rolagem.

Na célula E12, digitar a palavra "Anual".

Selecionar as células de F12 e G12 e mesclar estas células.

Selecionar a célula F12 e, no **Menu**, **Inserir**, **Minigráficos**, escolher a opção **Linha**, conforme a Figura 7.58.

Figura 7.58 - Minigráfico - Linha.

Após selecionar o minigráfico de linha, preencher conforme a Figura 7.59.

Figura 7.59 - Selecionando dados do minigráfico.

Clicar na barra inferior (azul) do primeiro quadro e, com a barra selecionada em f(x), digitar: =Plan2!V16, conforme a Figura 7.60.

Figura 7.60 - Preenchendo a linha função.

O resultado obtido deverá ser o seguinte:

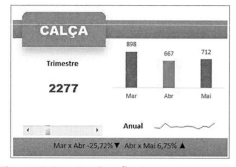

Figura 7.61 - Finalização do primeiro quadro.

Os valores podem não ser os mesmos das figuras aqui apresentadas, pois a função que está sendo utilizada é a ALEATÓRIOENTRE e, a cada vez que a planilha recebe uma atualização, os valores são alterados. Para que os valores fiquem fixados, é preciso copiar todos os dados da Plan2 das colunas de A a M e, em colar especial, escolher a opção valores.

Agora serão montados os outros quadros. Serão apresentadas, a seguir, as fórmulas e será possível copiar a formatação do primeiro quadro para os outros quadros.

Na célula J7, digitar "Trimestre".

Na célula J9, digitar: =Plan2!S11.

Para inserir o gráfico, clicar em **Menu**, **Inserir**, **Pizza** (primeira opção), conforme a Figura 7.62.

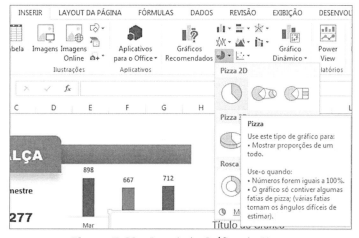

Figura 7.62 - Inserindo Gráfico de Pizza.

Clicar com o botão direito do mouse e escolher a opção **Selecionar dados**.

Adicionar uma série e preencher conforme a Figura 7.63.

Em **Rótulos do eixo horizontal**, preencher conforme a Figura 7.64.

Figura 7.63 - Primeira série.

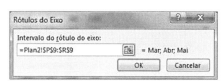

Figura 7.64 - Eixo horizontal.

Na célula L12, digitar a palavra "Anual". Selecionar as células de M12 a N12 e mesclar estas células. Selecionar a célula M12 e, no **Menu**, **Inserir**, **Minigráficos**, escolher a opção **Linha**, conforme a Figura 7.65.

Figura 7.65 - Minigráfico - Linha.

Após selecionar o minigráfico de linha, preencher conforme a Figura 7.66.

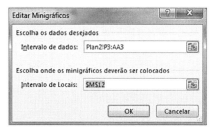

Figura 7.66 - Selecionando dados do minigráfico.

Clicar na barra inferior (azul) do primeiro quadro e, com a barra selecionada em f(x), digitar: =Plan2!V17.

O resultado obtido será o seguinte:

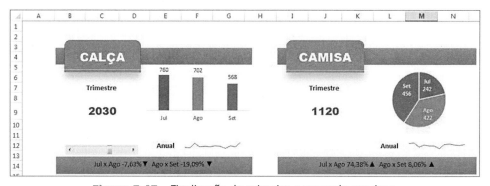

Figura 7.67 - Finalização do primeiro e segundo quadros.

Os passos para montar o terceiro quadro são: na célula C21, digitar "Trimestre". Na célula C23, digitar: =Plan2!S12.

Para inserir o gráfico, clicar em **Menu**, **Inserir**, **Barras** (primeira opção), conforme a Figura 7.68.

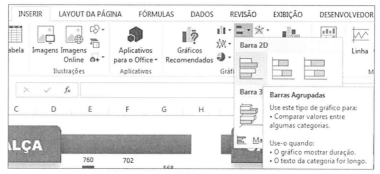

Figura 7.68 - Inserindo gráfico de barras.

Clicar com o botão direito do mouse e escolher a opção **Selecionar dados**.

Adicionar uma série e preencher conforme a Figura 7.69.

Em **Rótulos do eixo horizontal**, preencher conforme a Figura 7.70.

Figura 7.69 - Preenchendo a primeira série.   Figura 7.70 - Eixo horizontal.

Na célula E26, digitar a palavra "Anual". Selecionar as células de F26 a G26 e mesclar estas células.

Selecionar a célula F26 e, no **Menu**, **Inserir**, **Minigráficos**, escolher a opção **Linha**, conforme a Figura 7.71.

Após selecionar o minigráfico de linha, preencher conforme a Figura 7.72.

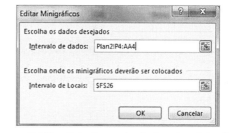

Figura 7.71 - Minigráfico - Linha.   Figura 7.72 - Selecionando dados do minigráfico.

Clicar na barra inferior (azul) do primeiro quadro e, com a barra selecionada em f(x), digitar: =Plan2!V18, conforme a Figura 7.73.

O resultado obtido será o seguinte:

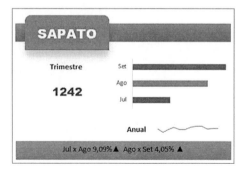

Figura 7.73 - Finalização do terceiro quadro.

Para montar o último quadro:

Na célula J21, digitar "Trimestre"

Na célula J23, digitar: =Plan2!S13.

Para inserir o gráfico, clicar em **Menu**, **Inserir**, **Outros gráficos**, **Rosca** (primeira opção), conforme a Figura 7.74.

Figura 7.74 - Inserindo gráfico de rosca.

Clicar com o botão direito do mouse e escolher a opção **Selecionar dados**.

Adicionar uma série e preencher conforme a Figura 7.75.

Em **Rótulos do eixo horizontal**, preencher conforme a Figura 7.76.

Figura 7.75 - Preenchendo a primeira série.　　Figura 7.76 - Eixo horizontal.

Na célula L26, digitar a palavra "Anual". Selecionar as células de M26 a N26 e mesclar estas células. Selecionar a célula M26 e, no **Menu**, **Inserir**, **Minigráficos**, escolher a opção **Linha**, conforme a Figura 7.77.

Após selecionar o minigráfico de linha, preencher conforme a Figura 7.78.

Figura 7.77 - Minigráfico - Linha.　　Figura 7.78 - Selecionando dados do minigráfico.

Clicar na barra inferior (azul) do primeiro quadro e, com a barra selecionada em f(x), digitar: =Plan2!V19.

O resultado obtido será o seguinte:

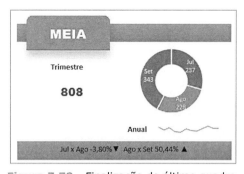

Figura 7.79 - Finalização do último quadro.

Agora é preciso deixar todos os gráficos com a mesma forma de visualização.

Será apresentado um exemplo para um gráfico e este procedimento poderá ser repetido para todos os outros.

Clicar na borda do gráfico e, com o botão direito do mouse, escolher a opção **Formatar área do gráfico**. Na guia **Preenchimento** escolher o item **Sem preenchimento** e para a guia **Borda** escolher a opção **Sem linha**.

Retirar todos os rótulos e os títulos. Retirar também as linhas de grade e os eixos horizontal e vertical. Clicar em cada item de cada gráfico e, em **Preenchimento**, colocar a mesma cor para todos os gráficos nos respectivos meses.

Agora é possível testar o painel.

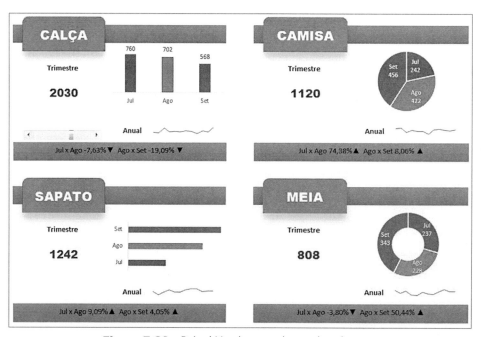

Figura 7.80 - Painel Vendas com barra de rolagem.

EXERCÍCIOS PROPOSTOS

1. Agregue ao exemplo visto anteriormente a opção da caixa de seleção para o usuário poder escolher, por exemplo, bimestre ou semestre.
2. Crie um novo relatório e mostre o desempenho das filiais de sua empresa.

7.3 Painel com ordenação em VBA

O objetivo deste painel é mostrar as vendas por UF para cada vendedor. A diferença é que, ao clicar no nome do vendedor, a ordem das vendas aparecerá de forma decrescente e haverá o movimento da seta indicando qual foi o vendedor escolhido por meio do recurso VBA.

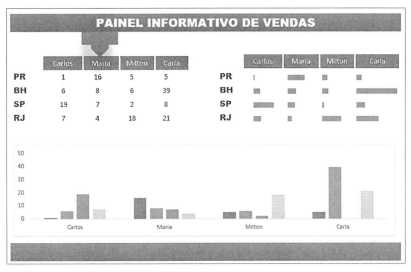

Figura 7.81 - Painel com ordenação em VBA.

A planilha terá duas pastas, a Plan1 e a Plan2. A primeira base de dados a ser montada será a da Plan2.

A ideia é que a Plan2, ao final, tenha este modelo de dados, conforme a Figura 7.82.

	A	B	C	D	E	F	G	H	I	J
1	UF	Data	Vendedor	Qtde		UF	Carlos	Maria	Milton	Carla
2	SP	16/03/2014	Milton	2		SP	19	7	2	8
3	PR	17/03/2014	Maria	11		RJ	7	4	18	21
4	RJ	18/03/2014	Milton	1		PR	1	16	5	5
5	BH	19/03/2014	Carla	10		BH	6	8	6	39
6	SP	20/03/2014	Carlos	5						
7	PR	21/03/2014	Carlos	1		Desempate				
8	RJ	22/03/2014	Milton	3		UF	Carlos	Maria	Milton	Carla
9	BH	23/03/2014	Milton	6		SP	19	7	2	8
10	SP	24/03/2014	Maria	7		RJ	7	4	18	21
11	PR	25/03/2014	Maria	5		PR	1	16	5	5
12	RJ	26/03/2014	Milton	14		BH	6	8	6	39
13	BH	27/03/2014	Carla	13						
14	SP	28/03/2014	Carlos	14		opção	ordem	posição		
15	PR	29/03/2014	Carla	5		3	18	2		
16	RJ	30/03/2014	Carla	16		I	6	4		
17	BH	31/03/2014	Carla	16		I9;I12	5	3		
18	RJ	18/03/2014	Carlos	7			2	1		
19	BH	29/03/2014	Maria	8						
20	RJ	30/03/2014	Maria	4		Final	Carlos	Maria	Milton	Carla
21	SP	31/03/2014	Carla	8		RJ	7	4	18	21
22	RJ	30/03/2014	Carla	5		BH	6	8	6	39
23	PR	21/03/2014	Milton	5		PR	1	16	5	5
24	BH	31/03/2014	Carlos	6		SP	19	7	2	8

Figura 7.82 - Base de dados.

Os dados contidos nas colunas de A a D foram todos feitos de forma aleatória. Para iniciar, é necessário ter o resumo total do que se deseja montar, conforme a Figura 7.83.

F	G	H	I	J
UF	Carlos	Maria	Milton	Carla
SP	19	7	2	8
RJ	7	4	18	21
PR	1	16	5	5
BH	6	8	6	39

Figura 7.83 - Resumo dos dados.

Montar os títulos, conforme a figura, no intervalo das células de F1 a J1 e também para o intervalo de F2 a F5. Para montar este resumo, será utilizada a função SOMASES.

Na célula G2, digitar a seguinte fórmula:

=SOMASES($D:$D;$C:$C;G$1;$A:$A;$F2)

Selecionar a célula G2 e arrastar até a célula J2.

Selecionar o intervalo de G2 a J2 e arrastar até a linha 5.

O objetivo é que, ao clicar em um vendedor, a ordem de vendas apareça na ordem decrescente. Para isso ocorrer, é preciso criar um jeito de desempatar caso existam duas células com o mesmo valor. Para desempatar, é necessário somar 0,000000001 centavo para cada célula. Isso não irá alterar o valor e ajudará a desempatar cada célula a ser apresentada.

Na Figura 7.84 os valores não se alteram.

F	G	H	I	J
UF	Carlos	Maria	Milton	Carla
SP	19	7	2	8
RJ	7	4	18	21
PR	1	16	5	5
BH	6	8	6	39
Desempate				
UF	Carlos	Maria	Milton	Carla
SP	19	7	2	8
RJ	7	4	18	21
PR	1	16	5	5
BH	6	8	6	39

Figura 7.84 - Desempate dos dados.

Na célula G9, digitar a seguinte fórmula: =G2+(0,000000001*LIN()). Selecionar a célula G9 e arrastar até a célula J9. Selecionar o intervalo de G9 a J9 e arrastar até a linha 12.

A função LIN() devolve o número da linha na qual a célula se encontra.

Será acrescentado um valor muito pequeno para cada célula. Isso não irá alterar o valor, conforme a Figura 7.85.

	F	G	H	I	J
7	Desempate				
8	UF	Carlos	Maria	Milton	Carla
9	SP	19,000000009	7,000000009	2,000000009	8,000000009
10	RJ	7,000000010	4,000000010	18,000000010	21,000000010
11	PR	1,000000011	16,000000011	5,000000011	5,000000011
12	BH	6,000000012	8,000000012	6,000000012	39,000000012

Figura 7.85 - Desempate dos dados com casas decimais.

Agora será montada a disposição dos dados para serem mostrados na ordem desejada.

	F	G	H
13			
14	opção	ordem	posição
15	1	19	1
16	G	7	2
17	G9:G12	6	4
18		1	3

Figura 7.86 - Descobrir a posição dos dados.

Selecionar a célula F15 e, na caixa de nomes, digitar posição, conforme a Figura 7.87. Nessa célula, digitar o valor 1 apenas para testes; depois ela será atualizada automaticamente.

Figura 7.87 - Caixa de nomes - posição.

Na célula F16, digitar a seguinte fórmula: =ESCOLHER(F15;"G";"H";"I";"J").

Portanto, quando o usuário escolher um nome, este deverá corresponder a uma coluna em que se encontram seus dados, conforme a Figura 7.88.

	G	H	I	J
	Carlos	Maria	Milton	Carla

Figura 7.88 - Nome dos vendedores.

Na célula F17, digitar a seguinte fórmula: =F16&"9:"&F16&"12".

Portanto, sabe-se qual é o intervalo em que estão os dados referentes à posição escolhida pelo usuário.

Na célula G15, digitar a seguinte fórmula: =MAIOR(INDIRETO(F17);1).

Na célula G16, digitar a seguinte fórmula: =MAIOR(INDIRETO(F17);2).

Na célula G17, digitar a seguinte fórmula: =MAIOR(INDIRETO(F17);3).

Na célula G18, digitar a seguinte fórmula: =MAIOR(INDIRETO(F17);4).

Com isso, serão obtidos os valores na ordem decrescente do intervalo escolhido pelo usuário.

Na célula H15, digitar a seguinte fórmula: =CORRESP(G15;INDIRETO(F17);0).

Na célula H16, digitar a seguinte fórmula: =CORRESP(G16;INDIRETO(F17);0).

Na célula H17, digitar a seguinte fórmula: =CORRESP(G17;INDIRETO(F17);0).

Na célula H18, digitar a seguinte fórmula: =CORRESP(G18;INDIRETO(F17);0).

Com isso, é possível saber qual é a ordem da linha do intervalo escolhido pelo usuário, conforme a Figura 7.89.

	F	G	H	I	J
1	UF	Carlos	Maria	Milton	Carla
2	SP	19	7	2	8
3	RJ	7	4	18	21
4	PR	1	16	5	5
5	BH	6	8	6	39
6					
7	Desempate				
8	UF	Carlos	Maria	Milton	Carla
9	SP	19	7	2	8
10	RJ	7	4	18	21
11	PR	1	16	5	5
12	BH	6	8	6	39
13					
14	opção	ordem	posição		
15	1	19	1		
16	G	7	2		
17	G9:G12	6	4		
18		1	3		

Figura 7.89 - Análise dos dados.

No retângulo da opção 1, é observável que o usuário escolheu ver os dados de Carlos, que está na coluna G, no intervalo compreendido entre as células de G2 a G5 e nota-se a sua correspondência de desempate nas células G9 a G12.

No retângulo da ordem, aparece a ordem decrescente dos valores.

No retângulo da Posição, vê-se em qual linha pode-se encontrar cada um destes valores.

Agora é preciso montar os valores finais a serem mostrados para o usuário, conforme a Figura 7.90.

	F	G	H	I	J
19					
20	Final	Carlos	Maria	Milton	Carla
21	SP	19	7	2	8
22	RJ	7	4	18	21
23	PR	6	8	6	39
24	BH	1	16	5	5

Figura 7.90 - Quadro final.

Na célula F21, digitar a seguinte fórmula: =ÍNDICE(F$2:F$5;$H15).

Selecionar a célula F21 e arrastar até a célula J21. Selecionar as células no intervalo de F21 a J21 e arrastar até a linha 24. Aqui são finalizados todos os dados necessários para a montagem do painel.

Inicia-se a montagem da Plan1 com barra e indicador, conforme a Figura 7.91.

Figura 7.91 - Barra informativa.

Para montar a barra, clicar em **Menu**, **Inserir**, **Formas** e escolher o **Retângulo** conforme a Figura 7.92.

Figura 7.92 - Forma - Retângulo.

Clicar no retângulo. Ao clicar, é possível notar que na parte superior irá aparecer o **Menu Ferramentas de desenho**.

Escolher a opção Efeito moderado, conforme a Figura 7.93.

Figura 7.93 - Efeito moderado.

Copiar e colar novamente este retângulo, que será a barra inferior. Clicar na Barra superior e escrever PAINEL INFORMATIVO DE VENDAS, utilizar a fonte Arial Black 16.

Entrar novamente no **Menu**, **Inserir**, **Formas** e escolher o símbolo **Texto explicativo com seta para baixo**, conforme a Figura 7.94.

Figura 7.94 - Formas texto explicativo.

Clicar na figura, escolher a cor verde e, na caixa de nomes, digitar o nome "figura1", conforme a Figura 7.95.

Figura 7.95 - Caixa de nomes - figura1.

Clicar sobre a figura, com o botão direito do mouse, escolher a opção **Enviar para trás**, conforme a Figura 7.96.

O resultado obtido será conforme a Figura 7.97.

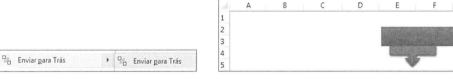

Figura 7.96 - Enviar figura para trás.   Figura 7.97 - Modelo atual.

A posição em que a figura deverá ficar no momento não tem importância; é preciso apenas certificar-se que a barra fique entre as linhas 2 e 3.

Clicar na figura que foi incluída (cor verde) com o botão direito do mouse, escolher a opção **Formatar forma** e, em **Sombra**, preencher conforme a Figura 7.98.

Figura 7.98 - Formatar Forma.

Ao clicar na barra Azul, na parte superior, aparecerá o menu **Ferramentas de desenho**, clicar em **formatar** e preencher conforme a Figura 7.99.

Figura 7.99 - Formatar forma.

Agora é preciso montar as caixas, simbolizando cada nome, conforme a Figura 7.100.

Figura 7.100 - Parte superior do painel.

Para montar a caixa, entrar no **Menu**, **Inserir**, **Formas** e escolher o **Retângulo**. Deixar com a cor vermelha.

Criar quatro formas iguais a esta e, para cada uma delas, colocar os nomes dos respectivos vendedores: Carlos, Maria, Milton e Carla.

Para um melhor alinhamento das figuras, selecionar as quatro figuras, no **Menu Ferramentas de desenho**, clicar em **Alinhar** e clicar nas opções: **Alinhar parte superior** e **Distribuir na horizontal**.

Em seguida, será montada a parte da programação no VBA que irá movimentar a figura1 (verde), conforme a escolha do usuário.

Pressionar ALT + F11 para entrar no modo de programação do VBA.

Clicar na figura ao lado do símbolo do Excel para criar um módulo.

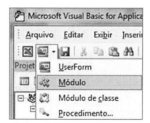

Figura 7.101 - Tela de programação do VBA.

O resultado obtido será conforme a Figura 7.102.

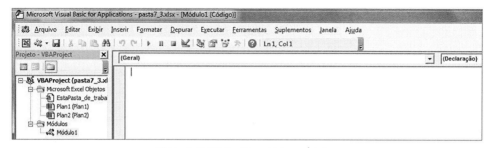

Figura 7.102 - Inserindo módulo.

No quadro branco, digitar conforme a Figura 7.103.

```
(Geral)                                                    movimento

Sub move1()
    movimento (1)
End Sub

Sub move2()
    movimento (2)
End Sub

Sub move3()
    movimento (3)
End Sub

Sub move4()
    movimento (4)
End Sub

Function movimento(numero As Double)

    [posicao] = numero

    Sheets(1).Shapes("figura1").Visible = True

    With Sheets(1).Shapes("figura1")
        .Left = 190 + (numero * 50)
        .Top = 25
    End With

End Function
```

Figura 7.103 - Programação VBA.

Clicar no símbolo do Excel na parte superior esquerda para voltar à planilha, conforme Figura 7.104.

Figura 7.104 - Retornando à planilha.

Clicar sobre a primeira caixa com o botão direito do mouse e escolher a opção **Atribuir macro** e a macro move1.

Figura 7.105 - Atribuindo macro.

Clicar sobre as outras três caixas e repetir o procedimento.

Tem-se então:

Para a caixa Carlos - atribuir macro move1

Para a caixa Maria - atribuir macro move2

Para a caixa Milton - atribuir macro move3

Para a caixa Carla - atribuir macro move4

Clicar sobre cada caixa para dar movimento à figura verde, conforme a Figura 7.106.

Figura 7.106 -Testando botões.

Uma sombra aparecerá sobre o nome escolhido. Para que seu efeito funcione, tentar deixar o retângulo azul começando na coluna E. O tamanho de cada caixa deverá ser 1,88; a primeira caixa deverá começar na coluna F.

Copiar todas as caixas vermelhas e colar a partir da coluna L na posição da linha 5, conforme a Figura 7.107.

Figura 7.107 - Copiando e colando botões.

Agora, a parte dos dados:

Na célula E7, digitar a fórmula: =Plan2!F21.

Selecionar a célula E7 e arrastar até a célula I7.

Selecionar o intervalo de E7 até a célula I7 e arrastar até a linha 10.

Na célula K7, digitar a fórmula: =Plan2!F21.

Selecionar a célula K7 e arrastar até a linha 10.

As células da coluna E e K estão com a fonte Arial Black 11, na cor azul.

Selecionar a célula L7 e digitar a seguinte fórmula: =REPT("|";F7).

Selecionar a célula L7 e arrastar até a célula O7.

Selecionar as células do intervalo L7 a O7 e arrastar até a linha 10.

Selecionar as células de L7 a O10, mudar a fonte para Arial 8 e alinhar estas células para a esquerda.

O resultado obtido será o seguinte:

Figura 7.108 - Finalização da parte dos dados.

Agora é necessário montar o gráfico. No **Menu**, **Inserir**, **Colunas**, **Coluna 2D** (primeira opção), conforme a Figura 7.109.

Figura 7.109 - Inserindo Gráfico de Colunas.

Clicar com o botão direito do mouse e escolher a opção **Selecionar dados**.

Vamos criar quatro séries. Adicionar a primeira série e preencher, conforme a Figura 7.110.

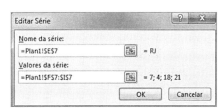

Figura 7.110 - Primeira série.

Adicionar uma nova série e preencher conforme a Figura 7.111.

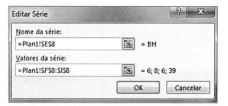

Figura 7.111 - Segunda série.

Adicionar uma nova série e preencher conforme a Figura 7.112.

Figura 7.112 - Terceira série.

Adicionar uma nova série e preencher conforme a Figura 7.113.

Figura 7.113 - Quarta série.

Em **Rótulos do eixo horizontal**, preencher conforme a Figura 7.114.

Figura 7.114 - Eixo horizontal.

Clicar na borda do gráfico e, com o botão direito do mouse, escolher a opção **Formatar área do gráfico**. Na guia **Borda**, escolher a opção **Sem linha**.

Agora é preciso testar seu painel.

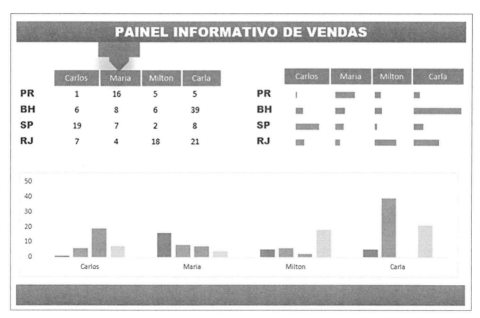

Figura 7.115 - Painel com ordenação em VBA.

EXERCÍCIO PROPOSTO

1. Refaça o exemplo acima e troque os nomes de pessoas para estados e vice-versa. Acrescente também uma linha de média. Vai ajudar bastante no visual de entendimento do seu gráfico.

Bibliografia

ENSINANDO EXCEL. **Ensinando Excel**. 2013. Disponível em: <http://www.ensinandoexcel.com.br>. Acesso em: 10 fev. 2014.

MICROSOFT. **Excel**. 2014. Disponível em: <http://office.microsoft.com/pt-br/excel>. Acesso em: 10 fev. 2014.

_____. **Novidades no Excel 2013**. 2014. Disponível em: <http://office.microsoft.com/pt-pt/excel-help/novidades-no-excel-2013-HA102809308.aspx>. Acesso em: 10 fev. 2014.

_____. **Treinamento em Office**. 2014. Disponível em: <http://office.microsoft.com/pt-br/training>. Acesso em: 10 fev. 2014.

Marcas Registradas

Microsoft Windows® 7, Windows® 8, Windows Server® 2008 R2 ou Windows Server® 2012, Office Home & Student 2013, Office Professional 2013, Office Home & Business 2013, Microsoft® Excel 2013 são marcas registradas da Microsoft Corporation.

Todos os demais nomes registrados, marcas registradas ou direitos de uso citados neste livro pertencem aos seus respectivos proprietários e foram utilizados meramente como exemplos.

Índice remissivo

A
Atribuir macro, 137

B
Barra de ferramentas de acesso rápido 49
Barra de rolagem 58, 106, 121
Botão 56
    câmera 49
    de opção 57, 63
    de rotação 57

C
Caixa de
    combinação 56
    grupo 57
    listagem 57, 68
    nomes 16, 17, 27
    seleção 57, 78
Cálculos com horas negativas 19
Controles de formulário 56

D
Dashboard 13

F
Formas texto explicativo 134
Formatação condicional 97, 102
Formatar forma 135
Função
    ALEATÓRIOENTRE 46, 99
    CONT.SE 30
    CORRESP 36-38
    DESLOC 39, 107
    ESCOLHER 38
    ÍNDICE 34-36, 113
    INDIRETO 43
    LIN 130
    MÁXIMO 44
    MÍNIMO 44
    PROCV 26-27, 31
    PROCH 32
    REPT 41
    SE 43
    SEERRO 47
    SOMA 17
    SOMASE 30
    SOMASES 45
    TEXTO 18, 44, 116

G

Guia Desenvolvedor 55

Gráfico de medição 78

I

Inserindo símbolo 104, 109, 116

Inserir formas 101

Intervalo de células 16

M

Menu Desenvolvedor 55, 62

Minigráfico 116, 122, 127

P

Programação VBA 137

R

Rótulo 58

Recurso VBA 53

T

Termômetro 69

V

VBA 53-54, 128, 136